一本书读懂 RPA

RPA落地指南

基础、实操及赋能

数字力量◎编著

人民邮电出版社
北京

图书在版编目（CIP）数据

RPA落地指南 : 基础、实操及赋能 / 数字力量编著. -- 北京 : 人民邮电出版社, 2023.3（2023.3重印）
ISBN 978-7-115-60016-5

Ⅰ. ①R… Ⅱ. ①数… Ⅲ. ①智能机器人－指南 Ⅳ. ①TP242.6-62

中国版本图书馆CIP数据核字(2022)第167403号

内 容 提 要

本书从认知、实施、案例和拓展 4 个方面深入浅出地分析了 RPA（机器人流程自动化）的应用前景以及实践。本书首先介绍了 RPA 的基本概念和优缺点、RPA 相关的工具以及企业选择 RPA 的原因；其次，说明了企业如何开启 RPA 之旅、RPA 售前咨询、业务流程挖掘、RPA 项目交付管理、RPA 实施要点、RPA 开发规范等实用知识；再次，通过 RPA 在银行、保险、政务、制造、人力资源、能源、物流服务和证券等领域的应用，帮助读者了解 RPA 实施方案；最后，阐释了 RPA 机器人建设方案、IPA 相关知识，以及 RPA 与区块链、人工智能和元宇宙等前沿技术的融合应用。

本书内容丰富，讲解翔实，适合 RPA 从业者、实施 RPA 进行企业数字化转型的企业管理人员以及对 RPA 发展历程和方向感兴趣的读者作为参考，也适合大中专院校计算机相关专业学生作为教辅。

◆ 编　　著　数字力量
责任编辑　秦　健
责任印制　王　郁　焦志炜
◆ 人民邮电出版社出版发行　　北京市丰台区成寿寺路 11 号
邮编　100164　　电子邮件　315@ptpress.com.cn
网址　https://www.ptpress.com.cn
北京捷迅佳彩印刷有限公司印刷
◆ 开本：800×1000　1/16
印张：13.25　　2023 年 3 月第 1 版
字数：258 千字　　2023 年 3 月北京第 2 次印刷

定价：59.80 元

读者服务热线：(010) 81055410　印装质量热线：(010) 81055316
反盗版热线：(010) 81055315
广告经营许可证：京东市监广登字 20170147 号

推荐语

当下的世界处于“百年未有之大变局”，挑战与机遇并存。在这个大时代下，各行业都需要思索并立即行动以应对未知但激动人心的未来。身处数字时代，让更多人从大量重复的工作中解脱出来，已经成为现代企业的主要需求之一。另外，影响数字化效率的重要因素已经从软件本身的功能及性能等演变成数据在不同软件之间流动时“人”的连接。而 RPA 作为基于企业数字化发展起来的新兴技术，在企业“数字化转型”的过程中可以发挥基础性的作用。

RPA 不仅可以将人从烦琐、低效的工作中解放出来，而且可以通过“非侵入”的方式解决由于跨公司、跨行业导致的数据源多且数据不标准等问题。而随着 RPA 向 IPA 的不断推进，纸质文档也能够完全数字化了。

本书的内容深入浅出，从 RPA 认知到实施、案例，再到拓展，既有基础理论又有实践案例，因此，这是一本经过理论研究得出结论又经过案例验证的好书，在现实企业及行业中具备重要参考价值。同时，本书也使我对 RPA 工具有了更深入的了解。相关的交付落地经验等是项目实践中很好的参考。

——何宝宏

中国信息通信研究院云计算与大数据研究所所长

以 RPA 为代表的数字工作者正加快进入企业的工作中，在前台客户接触层打造定制体验，在中台运营交付层实现高效处理，在后台经营管控层强化智慧管控。基于数字力量 RPA 的人机协同工作模式将显著提升生态协同效率，推进产业数字化。

——陈其伟

独立首席信息官，数字化转型专家

作为 Teams+Power Platform 中文社区创始人，我其实一直是一名技术爱好者：学习富有价值的技术并且践行到生活与工作中，同时引领和分享给他人，让更多人享受赋能的成果。这是我近些年的愿景。而机器人流程自动化（RPA）是渐入我视野的一个新的产品概念。

最开始，我以为这就是一个被炒作的新兴概念，但是随着深入接触，尤其是以龚总为代表的 RPA 践行者现身说法和企业案例的上线，我逐渐认识到这项技术确实具有提高生产效率的意义。

我负责的技术社区虽然以微软公司的 365 产品线中的两大头牌产品（Teams 和 Power Platform）作为主要的研究对象，似乎没有 RPA 的身影，但是对应于自动化，我们也有不少实践经历和成果，尤其在微软公司这一侧，针对 Power Automate（Power Platform 家族的成员）更深入地整合了一个子组件——UI Flow——号称微软版的 RPA 工具。于是，在产品基因上，我研究的领域与 RPA 有着更深的联系。

那么 RPA 的价值在哪里？我还不能很好地描述这个过程。我还需要更多地学习、了解、接触和使用 RPA。另外，可以和这个行业里面的先锋同行，他们的见闻和经验都是可以拿来借鉴的。恰恰数字力量以及龚总就是行业先锋。经常往来上海的我已经多次参与数字力量组织的活动，在接触中了解了这项技术对于当下数字化转型的诸多助益，以及很多年轻的力量围绕这个新生产力工具做出的贡献。

如果想了解 RPA，评估 RPA 的价值，那么你可以从龚总带领的数字力量开始了解，从这本由数字力量编写的新书开始，去推开一扇门，了解一个新世界，获得一个新的可能和选择。这是当下数字化转型潮流中的一个机遇。

微软公司宣称其当下的愿景是：予力全球每一人、每一组织，成就不凡。我想说，RPA 也是具有同样价值方向的生产力技术，它值得我们去学习和了解。

——刘钰

Teams+Power Platform 中文社区创始人

《Power BI 权威指南》《Power BI 权威建模指南》译者

推荐序1

当下世界处于“百年未有之大变局”，每个企业都需要思索并立即行动。在众多实践中，一种“技术论”的视角是“数字化转型”，并由此衍生出诸多技术和解决方案。“数字化转型”固然是业界公认的应对不确定的世界的方法，但“数字化转型”的核心并非仅仅“数字化”，还有“转型”。这种转型不仅需要企业从上至下观念的解放，还要具备将“数字化转型”的理念付诸企业的每个业务实践和流程再造的决心。这既不是对各种技术的简单堆叠或重组，也不是创造一些新奇的概念来“新瓶装旧酒”。同样，任何一项新的技术要在“数字化转型”时代真正发挥价值，不但需要企业在认知层面“知其然知其所以然”，而且需要大量的实践和业务的结合来验证“行之明觉精察处即是知”。

RPA作为一项实践性很强的新技术，在企业“数字化转型”的过程中发挥着基础性的作用。把企业最重要的资产——“人”，从一些低效、重复的工作中解放出来，从而释放人才的“创新”潜能，这是RPA的技术初衷。而让更多的企业和个人快速掌握RPA并付诸企业的各种创新实践，获得更多的“数字力量”，我想这也是龚总和她领导的数字力量的初心。

本书正是这种初心的载体。本书不仅凝聚了数字力量多年来在这个领域耕耘的心血，而且充满了大量的自身的实践反思以及与业界从理论到场景的学习和交流探讨的成果，可以说本书是关于这项年轻并充满想象力的技术的实践指南。概览全书，没有晦涩的术语，没有“掉书袋”式的代码示范，我感受到著书者迫切的实践初心以及字里行间充满的“数字力量”的年轻韵律。深读此书，更能感受到是在和一群对技术创新有执念的有趣的灵魂互动，连我这个好多年没有敲代码的“大叔”都有一种跃跃欲试的冲动。

我相信本书只是数字力量在这个领域让普罗大众快速认识并实践RPA的开始。创新无止境，既然选择了远方，便只顾风雨兼程。

张弘

卫盟软件中国区总经理

推荐序 2

初识 RPA 应该是在 2017 年年末，正值职业生涯转型期的我，在关键客户项目中对于流程自动化的急切需求和当时的状态仍记忆犹新。通过与 Global 团队头脑风暴，我正热血沸腾、准备行动之时，却发现当时国内根本找不到合适的实施团队和技术专家，而本土的项目却又“嗷嗷待哺”，最终不得不选择相对传统的技术进行研发与交付，这也成了转身离开时留下的遗憾。

时间回到 2018 年，我在加入一家全球私募投资企业后，惊喜地看到 RPA 已在国内生根发芽。从 2019 年的小范围实验性论证到 2020 年正式铺开推广，再到投后企业各业务环节，自始至终，对于 RPA 可以和可能为企业创造的价值我坚信不疑，而 RPA 的轻量化快速迭代和按需随机应变更是 IT 作为这个时代的生产力和创造力极好的诠释之一。

在 RPA 的实践过程中，数字力量以及龚总毋庸置疑是我们坚实和可信赖的合作伙伴，无论是初见时的爽朗和高效，还是一如既往的解决问题的承诺，以及带给客户和团队始终如一的热情和诚恳，在这个数字化转型刻不容缓的时代，都弥足珍贵。

正如很多 RPA 厂商的发展路线图以及业界人士的前瞻所示，RPA 目前还处于发展的关键阶段，技术的更迭以及人工智能算法的加入将是可预见的未来。根据 Gartner 的预测，到 2024 年，25%的企业首席信息官将对数字化业务运营结果负责，他们实际上将成为“代理首席运营官”。我始终坚信 RPA 将成为数字化运营的基石之一和连接不同生态系统与职能的有机组成部分。

条条大路通罗马，路上必有 RPA。

Eric Wang（王以宁）

某全球私募基金投后管理亚太区首席信息官，数字化转型战略专家

推荐序3

机器人流程自动化（Robotic Process Automation，RPA）自20世纪50年代初开始发展，在互联网出现后被大家所熟知。究其原因，信息时代造就了大量的重复工作，让工作有固化、重复及流水线操作的趋势，难以解放更多生产力。而这些冗余工作操作烦琐、占用成本大且存在人工错误的可能。RPA可以实现各种操作系统间自动化的工作流程，做到提效、降本、零错误，因而成为众多科技公司追捧的新宠儿。

在云计算和区块链蓬勃发展的今天，RPA的重要性愈发凸显，而当今市场仍然处于发展的早期阶段，缺乏系统性、入门式的科普资源，以帮助更多人了解RPA。龚总带领团队编著的这本书可以帮助更多科技领域从业者快速了解这条新赛道，显著提升整个行业的关注度。

而我所身处的区块链行业目前已陆续得到政府、企事业单位及应用层面的广泛支持，涉及银行及金融、政务、医疗、生产制造等领域。例如在政府流程审批、数字化政府、跨部委之间数据打通对接、大数据采集等场景下，RPA均能发挥作用，毫无疑问RPA与区块链技术具有天然的匹配性。从底层来说，区块链智能合约的优势也将扩大RPA在各大场景中的应用。宇链科技作为区块链可信硬件技术的引领者，在这些领域均有涉及，也在未来规划中考虑融入RPA，共同赋能企业数字化转型等。

龚总一直在默默地推动RPA的发展。从一个人到一个团队，再到每座城市。龚总数年持之以恒的品质使同为创业者的我产生共鸣。同时龚总也是众多创业者中极具创业精神和富有精力的首席执行官。哪怕面对小白式的疑问，龚总也能耐心回答，循循善诱，为推动整个行业的发展做出贡献。这种平易近人的交流、深入浅出的科普令人印象深刻。龚总专业的态度、创新的精神、时时刻刻传播的理念值得我们所有人学习。

RPA作为全新的赛道，具有非常重要的实践意义，通过与各大新型技术结合必将发挥出更大的作用。当然，这个行业与区块链一样，还很年轻，这意味着潜力和红利，也意味着需要更多的人一起来完善。可以说，龚总将其多年来的思考、经验全部凝聚在这本书中，相信能为大家提供全面指导。

对想要入门或者深入了解RPA的从业者来说，学习本书就够了。本书不仅有RPA学习路径，还有各类实施场景、案例等，无论是理论还是实操一应俱全，相信读者一定会获益匪浅。我想作者的本意也是提供全面透彻的RPA学习资料。

罗骁

宇链科技创始人兼首席执行官

推荐序 4

我第一次接触 RPA 是 10 年前在德勤公司主办的客户交流会上。德勤展示了 RPA 的两个主要应用——财务中心机器人和单证中心机器人。我看到在几台普通计算机的屏幕上，机器人自动编辑文件、输入文字、单击按钮、处理数据，计算机中的页面不断重复跳转，就像旁边有员工在操作一样。后来我计算了一下，每完成一个单证流程花费 1 分钟多的时间，效率非常高。在德勤顾问的介绍下，我才知道这个科技产品叫作 RPA。

当下企业的竞争环境比任何时候都更加复杂多变，特别是 2020 年暴发的疫情给全世界的经济和社会生活都带来了巨大的冲击，几乎各个行业都受到疫情的影响，经历了疫情带来的种种挑战。在这种背景下，越来越多的企业意识到科技对于企业的重要性，转型成为技术驱动的企业在当前显得尤为重要，而加速数字化转型，实现行业再造，在当下百年未有之大变局中取得所处行业中的技术先机，也成为企业在竞争中保持领先地位的必由之路。

早在 20 多年前，很多企业便开始通过实施 ERP 进行企业内部的信息化建设，而现今的企业若要成功进行数字化转型，需要做的不仅仅是让数据在各个平台之间共享，也不仅仅是让内外部业务系统实现互联互通，亦不止于通过数字化手段让各项业务衔接起来。如今的数字化转型已经不再只是一个技术问题，它进一步变成一个业务管理和流程管理的问题。企业通过提升自身技术水平实现业务流程管理的变革、业务执行方式的优化，甚至是业务模式的改变，而这些已经成为当今企业实施数字化转型的重要目标。

RPA 已经成为数字化转型浪潮中涌现的新热点。数字化转型的深入使得企业的软件和业务系统应用从原来的单点应用向协同连续演化，各个层次的业务数据互通和业务系统之间的连通成为企业在数字化领域的追求。时至今日，信息技术发展突飞猛进，自动化也已经被广泛地应用于各个技术场景。从 2015 年起，自动化技术受到企业广泛关注。从 2019 年开始，国内更是掀起了新一轮以 RPA 为代表的自动化热潮，国内的 RPA 厂商开始涌现，很多大型企业开始在内部试水 RPA 项目。

但是 RPA 在中国企业服务市场方面还处于萌芽阶段。很多学者、顾问、科技从业者还没有很好的机会和平台去做相关的理论研究。市场上相关的书籍和资料较少，系统介绍 RPA

的资料更是凤毛麟角。很高兴看到龚总带领数字力量编写的这本书。本书系统地阐述了“什么是RPA”“RPA的商业模式”“企业选择RPA的原因”“RPA在咨询、管理、交付中所遇到的实际问题”，以及数字力量近年来操刀的真实客户案例。

我相信，通过阅读本书，读者不但可以充分地了解RPA的相关理论，而且能体会到RPA在企业数字化转型中的实际意义和业务价值。本书值得我们每位科技从业者学习，同时对RPA的未来发展有着重要的、深远的意义。

胡琨①

上海财经大学工商管理硕士

现就职于上海复星-复地产发集团科创部

① 胡琨专注于泛房地产、大消费、国际贸易、智能制造、金融行业等领域的企业数字化转型，以及中国科创独角兽企业的市值管理研究。曾带领团队完成多个大型企业数字化转型项目。

推荐序 5

身处信息化时代，如何让更多人从大量重复的工作中解脱出来，一直是大家在思考的问题。RPA 是解决这个问题的好帮手。

RPA 是以软件机器人及人工智能（Artificial Intelligence，AI）为基础的业务过程自动化技术。随着“互联网+”时代的来临，在大数据、云计算、人工智能等技术日益普及的当下，RPA 的出现更为这些技术的普及提供了便利。

那么，该如何学习 RPA 呢？

燕玲姐带领团队编著的这本书就是一份非常好的学习 RPA 的资料。

受燕玲姐之邀为本书写推荐序，内心有些忐忑。为一本由专业 RPA 团队撰写的图书作品写推荐序，作为一个 RPA 门外汉，我深感班门弄斧。不过之前看过这样一句话“当自己的眼睛无法看到广阔的世界时，要学会借眼看世界”，我深以为然。我认识 RPA，就是通过燕玲姐的眼睛看到的，这里权当是借眼看 RPA。当第一次从燕玲姐的朋友圈看到 RPA 这个词时，我的内心一震，突然明白之前很多都没有细想的事情，现在已经有了很多先行者。

我已经记不清是怎么认识燕玲姐的了。但是，我一直关注她在朋友圈发布的消息，从中汲取了很多营养。她和团队孜孜不倦地为 RPA 赛道输出优秀的产品。

在她创建的一个专业服务群中，她几乎每天都会发布微新闻，几年来从未间断。这对我来说，又增加了一个借眼看世界的途径。燕玲姐有如此执着的精神，相信在 RPA 赛道上，她一定可以打造出一款更优秀的 RPA 产品。

她的团队经过多年的摸索，将沉淀的 RPA 经验倾注到这本书中，以帮助更多感兴趣的人员了解 RPA。尤其是，这本书介绍了很多 RPA 的应用案例，如 RPA 在银行领域、保险领域和政务领域的应用等，相信读者阅读后一定会受益匪浅。

RPA 赛道还非常年轻，有待完善，希望更多的人才可以加入其中，为 RPA 的发展做出贡献。

本书从认知、实施、案例等多方面展现了 RPA 的学习路径，相信读者可以从中学到非常多的新知识，并为自己开启 RPA 之路奠定基础。广大读者通过本书，可以看到一个更为广阔的 RPA 世界，这也是本书的作者期望呈现给广大读者的。

刘宇宙

Python 开发技术专家，Python 书籍作者

前　言

苏州数字力量教育科技有限公司（简称数字力量）深耕 RPA 行业多年，拥有财务、保险和药物审批等多个领域的实操案例，在 RPA 实施方面积累了丰富的经验，在推动 RPA 行业发展方面也做出了积极贡献。数字力量在产、学、研等多个方向贡献自己的力量，例如参与 RPA+AI 大赛评审；与高等院校开展教学合作，促进 RPA 人才培养；参与编写出版 RPA 相关图书等。

从软件工程的角度看，RPA 是基于构件的软件工程，它的优点在于不仅能够使得开发过程更加标准化，提高代码的复用率，而且容易上手，提高开发效率，使得企业的数字化变得更容易。

随着企业业务发展和规模扩大，通过 RPA 来替代一些重复性的工作是提高工作效率、降低人力成本的好方法。目前多个领域的实践表明，RPA 能够帮助企业降本增效，同时将员工从重复单调的工作中解放出来，进行更有创造性的工作。

RPA 是快速发展的行业，企业不仅要有过硬的技术储备，而且需要极具发展眼光的技术团队。RPA 从业者不仅需要时刻面临新的问题和挑战，而且需要不断学习新的知识和概念。

写作本书的目的

目前 RPA 在国外发展迅速，甚至部分海外知名高校设置了 RPA 相关的专业。同时，RPA 正在逐步渗透到很多行业并取得了不错的成绩。学习 RPA 已经成为一件很有价值的事情。然而，由于 RPA 方面的很多资料都是英文文档，这不利于在国内推广与使用 RPA，因此出版一本系统介绍 RPA 的中文书籍很有必要。目前市面上的 RPA 图书主要针对具体软件开发进行讲解。相比 RPA 工具图书，本书更适合想深入了解 RPA 的读者阅读。

希望本书可以帮助读者拓宽视野，加深对 RPA 的认识，增加对 RPA 学习的热情，并将 RPA 应用到更多能发挥价值的领域。

读者对象

本书适合如下读者阅读。

- RPA 从业者。
- 想实施 RPA 进行企业数字化转型的企业管理人员。
- 想通过 RPA 将自己从烦琐工作中解放出来的工作人员。
- 大中专院校计算机相关专业的学生。
- 对 RPA 感兴趣的人。

如何阅读本书

本书分为 4 篇——RPA 认知篇、RPA 实施篇、RPA 案例篇和 RPA 拓展篇。

RPA 认知篇包括第 1 章和第 2 章，主要介绍了 RPA 的一些基本概念和优缺点、3 种 RPA 工具以及企业选择 RPA 的原因。

RPA 实施篇包括第 3 章 ~ 第 8 章。第 3 章介绍了企业如何开启 RPA 之旅。第 4 章说明了如何开展 RPA 售前咨询。第 5 章阐释了如何对 RPA 进行业务流程挖掘。第 6 章介绍了 RPA 项目交付管理的内容。第 7 章说明了关于 RPA 实施中的若干问题。第 8 章介绍了 RPA 的开发规范。这些都是 RPA 实施过程中非常实用的知识，建议多花些精力和时间学习。

RPA 案例篇包括第 9 章 ~ 第 16 章。该篇介绍了 RPA 在银行、保险、政务、制造、人力资源、能源、物流服务及证券领域的应用和解决方案。这些案例详细介绍了如何落地实施 RPA。

RPA 拓展篇包括第 17 章 ~ 第 21 章。第 17 章介绍了 RPA 机器人建设方案。第 18 章介绍了 RPA 向 IPA 的发展。第 19 章介绍了 RPA 和区块链。第 20 章介绍了 RPA 和人工智能。这些内容围绕着 RPA 有关的技术展开叙述，侧重于从技术角度看待 RPA。第 21 章介绍了元宇宙和虚拟讲师相关的内容。

读者可以根据自己的需要选择阅读侧重点。不过笔者建议按照顺序阅读，这样可以帮助你系统地认识和实施 RPA。

致谢

感谢数字力量 RPA 及上海茵罗旗下各分公司同事对本书做出的贡献。

感谢人民邮电出版社编辑团队对本书写作过程的指导。基于他们的工作，本书的内容质量有了很大的提高。

感谢在工作和生活中帮助过我们的所有人，感谢你们，正是因为有你们，本书才能面世。

欢迎读者通过以下联系方式与我们沟通。

数字力量的官方网站：https://www.chinarpa.com.cn。

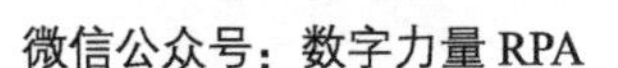

微信公众号：数字力量 RPA　　视频号：数字力量 RPA　　小程序：数字力量 RPA

答疑邮箱：rparecruit@chinarpa.com.cn。

资源与支持

本书由异步社区出品，社区（https://www.epubit.com）为您提供相关资源和后续服务。

提交勘误

作者、译者和编辑尽最大努力来确保书中内容的准确性，但难免会存在疏漏。欢迎您将发现的问题反馈给我们，帮助我们提升图书的质量。

当您发现错误时，请登录异步社区，按书名搜索，进入本书页面，单击“发表勘误”，输入错误信息，单击“提交勘误”按钮即可，如下图所示。本书的作者和编辑会对您提交的错误信息进行审核，确认并接受后，您将获赠异步社区的100积分。积分可用于在异步社区兑换优惠券、样书或奖品。

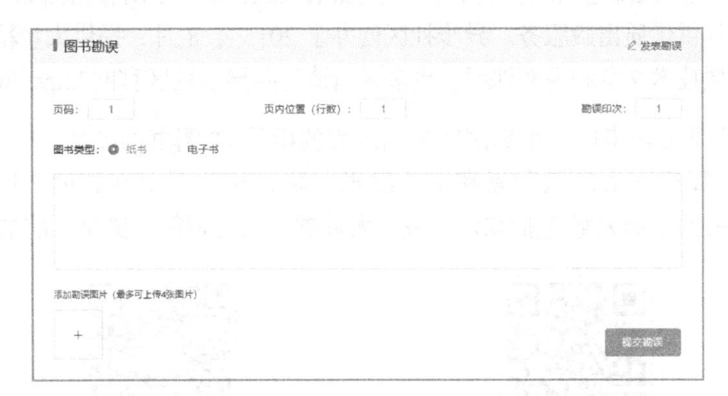

扫码关注本书

扫描下方二维码，您将会在异步社区微信服务号中看到本书信息及相关的服务提示。

与我们联系

我们的联系邮箱是 contact@epubit.com.cn。

如果您对本书有任何疑问或建议，请您发邮件给我们，并请在邮件标题中注明本书书名，以便我们更高效地做出反馈。

如果您有兴趣出版图书、录制教学视频，或者参与图书翻译、技术审校等工作，可以发邮件给我们；有意出版图书的作者也可以到异步社区投稿（直接访问 www.epubit.com/contribute 即可）。

如果您所在的学校、培训机构或企业想批量购买本书或异步社区出版的其他图书，也可以发邮件给我们。

如果您在网上发现有针对异步社区出品图书的各种形式的盗版行为，包括对图书全部或部分内容的非授权传播，请您将怀疑有侵权行为的链接通过邮件发送给我们。您的这一举动是对作者权益的保护，也是我们持续为您提供有价值的内容的动力之源。

关于异步社区和异步图书

"异步社区"是人民邮电出版社旗下 IT 专业图书社区，致力于出版精品 IT 图书和相关学习产品，为作译者提供优质出版服务。异步社区创办于 2015 年 8 月，提供大量精品 IT 图书和电子书，以及高品质技术文章和视频课程。更多详情请访问异步社区官网 https://www.epubit.com。

"异步图书"是由异步社区编辑团队策划出版的精品 IT 图书的品牌，依托于人民邮电出版社几十年的计算机图书出版积累和专业编辑团队，相关图书在封面上印有异步图书的 LOGO。异步图书的出版领域包括软件开发、大数据、人工智能、测试、前端、网络技术等。

异步社区

微信服务号

目　录

RPA认知篇

RPA实施篇

RPA案例篇

RPA 拓展篇

RPA 认知篇

第1章 RPA概述

机器人流程自动化（Robotic Process Automation，RPA）一般用于解决具体重复性的规律工作的问题。IDC 的研究数据表明，预计 2023 年全球 RPA 软件市场规模将达到 39 亿美元，2018—2023 年复合增长率达到 36%。为什么批处理软件和业务流程管理（Business Process Management，BPM）软件发展了这么多年却没有像 RPA 软件那样迅速？它们之间的异同在哪里？RPA 发展的转折点究竟是如何形成的？

本章通过介绍 RPA 的相关概念来帮助读者加深对 RPA 的理解，进而寻找以上问题的答案。

1.1 什么是RPA

RPA 在企业中起什么作用并扮演什么角色呢？想要充分了解 RPA，我们需要知道 RPA 的相关概念、特点、功能以及能解决的问题。接下来对这些内容进行详细介绍。

1.1.1 RPA的3个核心概念

RPA 的中文译名是“机器人流程自动化”，顾名思义，就是通过机器人来完成流程自动化执行的一种技术或手段，机器人是运行自动化流程的工具。这里的机器人并非人们通常理解的具有机械臂之类的硬件机器人，而是软件机器人。接下来将进一步阐释这些概念。

1. 什么是软件机器人

软件机器人是一种软件产品，它可以通过模拟人工操作计算机的方式操作其他计算机软件。这种软件机器人可以模拟计算机鼠标单击、拖曳和键盘输入工作，好像有人在操作鼠标和键盘一样。比如，软件机器人可以做到打开计算机的浏览器、输入网址、按下按钮、获取网页上的内容这样复杂的操作，而无须人工干预。

2. 什么是流程

流程是指使用资源和管理将输入转化为输出的相互关联和相互作用的一系列活动。通俗地说，流程就是通过一系列特定步骤完成一个目标的过程。

为了更好地理解 RPA，我们可以想象一个汽车生产车间有一条汽车组装流水线。整条组装流水线被分成若干部分，比如底盘组装、发动机组装、座椅组装、车身组装、车门焊接组装等。每部分都有一些机械臂在自动进行零件组装、焊接等工作。经过流水线的一系列操作后，众多零件就组装成了一辆汽车。这里的流水线就是我们所说的流程，而那些机械臂就是机器人。

同理，在软件领域，也可以像汽车组装流水线那样，将实现一个目标分解为若干固定步骤的组合，每个步骤都由计算机执行一个特定的动作来完成。比如打开邮箱的流程就可以分解为打开浏览器、输入网址、输入用户名、输入密码、单击“登录”按钮等步骤。通常情况下，我们是通过操作计算机的鼠标、键盘进行每步操作的。正如在汽车组装流水线上机械臂可以取代人工自动完成流水线上的步骤一样，我们也可以通过“软件机器人”自动化地完成这一系列操作，实现自动化这个过程就是我们说的 RPA（见图 1-1）。

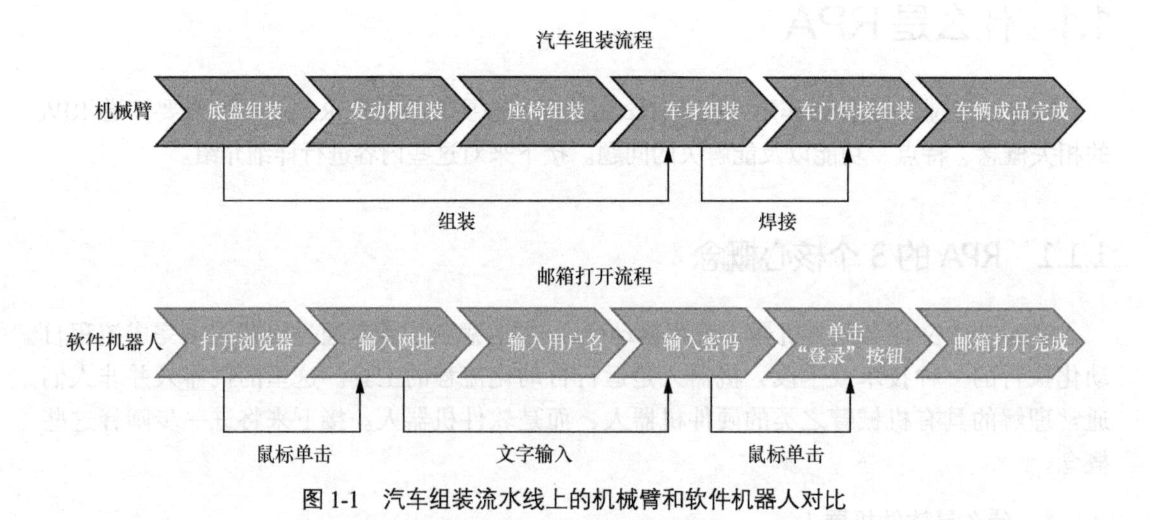

图 1-1 汽车组装流水线上的机械臂和软件机器人对比

3. 什么是自动化

首先应该明确，这里的自动化和工业自动化不是一个概念。这里的自动化指软件机器人按照设定好的程序或规则自动模拟人的各种行为操作计算机软件，比如自动打开网页、自动输入账号和密码、自动获取网页上的各种信息或元素等，从而代替人工完成原本需要手动执行的任务或流程。软件机器人代替人工实现流程自动化执行，解放了人们的双手，大大提高了工作效率。

RPA是一个全新的领域，它不同于我们传统意义上的系统开发，也不同于一般意义上的系统集成，而是通过软件机器人的方式按照设定好的程序自动去完成既定的业务流程。这种业务流程的自动化执行既不需要应用程序接口（Application Programming Interface，API），也不需要安装除RPA软件以外的其他第三方组件或插件。

RPA软件作为一款轻量级的应用程序可以安装在PC或移动端系统平台之上，通过低代码或无代码的方式实现流程的编排，这样就摆脱了应用开发依赖于企业IT人员的限制，广大无IT背景的业务人员在RPA软件上也能够按照自己的业务逻辑设计RPA流程，并让机器人定时自动地执行开发好的流程，这样不仅提高了工作效率，还能通过RPA机器人在业务人员之间建立起工作间的纽带，可以实现真正的业务协同，提升各个部门之间及企业内部整体的效能。

1.1.2 RPA经历的3个发展阶段

RPA作为近几年来国内外热门的一个技术领域，其发展历程并不短（只是国内RPA兴起时间较短，从2016年左右开始），大致可以分为如图1-2所示的3个阶段。

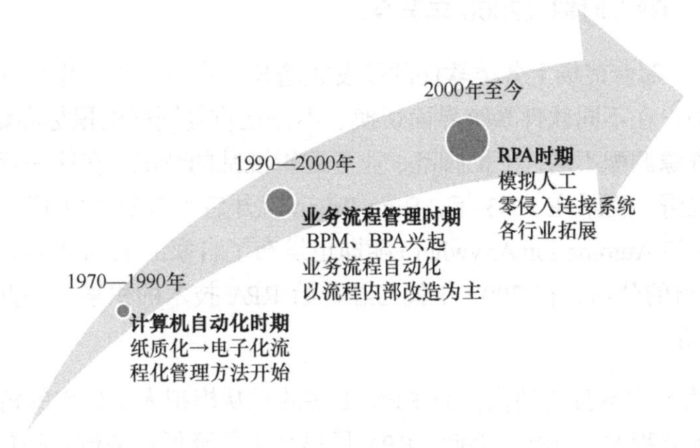

图1-2 RPA的3个发展阶段

1. 第一阶段：计算机自动化时期（1970—1990年）

在个人计算机普及的初期，很多公司尝试将人工流程计算机化，一份份传统的纸质文档变成计算机的电子文档，处理文档的过程从繁杂的纸笔任务变成计算机中的鼠标和键盘的操作，这个时期具有划时代意义的代表产品之一就是微软的Office软件套装（WPS软件也是其中的佼佼者）。办公自动化（Office Automation，OA）的兴起改变了人们的工作方式和习惯，大量的工作由人工操作变成计算机操作。同时，随着局域网和互联网的高速发展，越来越多的个人计算机连接到互联网，更多的工作由线下搬到线上，全球办公自动化浪潮到来。

这一时期办公自动化的高速发展为RPA的诞生奠定了坚实的基础。因为如果没有OA的普及，很多工作还是依赖纸质文档，RPA也就无从谈起。

2. 第二阶段：业务流程管理时期（1990—2000年）

20世纪90年代，BPM这一概念开始在全球兴起。它使用了管理上和技术上的各种方法与手段来优化端到端的业务流程，并且设计了大量的解决方案来改造低效、不合理的流程，以实现业务流程的最优化。在此期间，各大互联网及知名IT公司（包括阿里巴巴、IBM、微软等）和咨询公司均加入其中。这些互联网技术公司和咨询公司开始强强联手，尝试多种方式，包括使用软件自动化技术帮助业务流程实现高效化和协同化，这一举动使得业务流程自动化（Business Process Automation，BPA）成为潮流。

时至今日，BPM仍然是企业提高生产力的驱动方式，而RPA则被认为是由BPA领域延伸出的一个新兴领域。它不仅聚焦于业务流程的自动化，而且通过软件机器人的方式带来流程操作体验的全面升级，并且未来仍将不断朝着智能化的方向发展和突破。

3. 第三阶段：RPA时期（2000年至今）

进入21世纪，随着市场上各类软件的爆发式增长，完成一项工作也许需要多个软件及系统的配合。当用户在不同软件系统界面切换、不停地重复同样的鼠标和键盘操作的时候，出现了各种软件资源调配不均、手忙脚乱、业务逻辑混乱的情况。在这一背景下，RPA行业逐渐走进人们的视野。而早在2003年，Blue Prism就开启了RPA的大门，发布了他们的第一款产品，UiPath和Automation Anywhere随即也发布了自家的RPA产品。金智维是国内第一批进入RPA赛道的公司，在2009年就已经开始RPA技术的积累，一直致力于为客户提供企业级RPA产品。

BPA着力于将流程本身自动化，而RPA更多的是从模拟人工操作的角度，以一种非侵入的方式完成业务流程的自动化。因此，RPA最早是为了降低业务流程外包成本，取代烦琐的、高频的、重复的机械性人工操作以便提高工作效率，以及降低企业人力成本，但在发展的过程中，逐渐形成了自己的一套系统逻辑。

随着应用的领域逐渐增多，RPA慢慢朝着通用化、轻量化技术方向发展，目前已经在财税、电商、新零售、银行、保险、证券、制造、能源、医药、政务等领域得到广泛使用和推广。

1.1.3 RPA的特点

RPA通过软件机器人模拟人工操作来完成业务流程的自动化，它与一般意义上的系统开发有着本质的不同，具有以下六大显著特点。

1. RPA可以联动多个业务系统，自动完成流程任务

RPA软件是通过录制现有系统（B/S或C/S架构的IT系统）的组件或控件（如HTML标签、Swing组件、AWT组件等）的方式来操作业务系统的。采用RPA软件编排好流程步骤（一般采用低代码或无代码方式）后，RPA就像一位数字化员工，在各个应用系统间实现数据的录入、下载、计算、传输、处理等操作，使整条业务流程自动化执行。这种方式不但运行速度快，而且几乎不出错、不间断，人们只需要开启RPA执行流程即可。因此这种方式的执行效率会比人工操作高，适合处理那些有大量重复内容的工作。

2. RPA类似“外挂”，不影响现有IT系统的功能与稳定性

使用RPA软件，用户不需对现有系统进行升级改造，因为RPA的显著特点就是通过非侵入的方式模拟人工操作。与传统的IT系统（如ERP、OA、CRM等）不同，RPA运行在更高的软件层级，如图1-3所示。这就决定了它不会侵入或影响已有的软件系统，从而在保证企业已有的IT系统功能可以平稳、可靠地运行的同时，帮助企业提升效能。

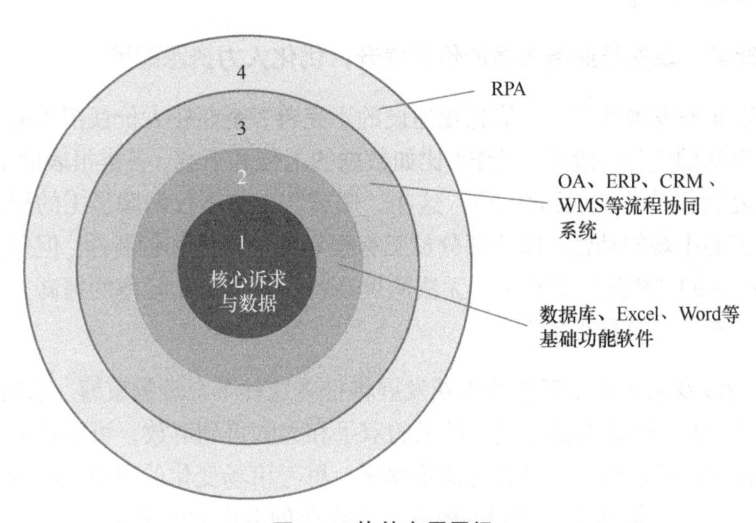

图1-3 软件应用层级

一个可以说明 RPA 软件以上特性的场景是：用户需要从 A 系统中获取一些数据，然后到 B 系统中进行查验，再将 B 系统中得到的记录填写到 Excel 文件中并保存。在没有 RPA 的情况下，如果期望不进行人工操作来完成此类流程，首先要打通 A 系统和 B 系统，让 B 系统可以获取 A 系统的数据，然后 B 系统还需要进行改造以支持数据导出到 Excel 文件中。而 RPA 使得 A 系统和 B 系统无须任何改造，就可以完成上述操作。

3. 7×24h 稳定工作

一般来说，每个人每天的正常工作时间是 8 h，而 RPA 是一种一般运行在计算机或服务器上的软件机器人，它可以不眠不休、不吃不喝，并且出错率低，在不断电的情况下，能按照设定好的程序持续不断地处理任务，仿佛一个永不疲惫的数字助手。

4. RPA 的所有操作可监控、可审计

与人工操作不同，RPA 的所有操作都可以进行日志的记录，因此可以进行监控和审计工作，在出现问题时也可以进行完整的回溯，降低数据丢失及业务流程失败的风险，提高可靠性和安全性。

5. RPA 的投资回报率高且灵活、轻便、效率高

为了提高业务效率，企业通常会选择采取增加人力或单独开发定制化软件系统的方式。但如果采用 RPA 机器人，就不需要像传统模式那样投入大量的成本开发一大堆软件。针对一个中等难度的业务流程（比如实现财务对账），RPA 的流程编排只需要 2～4 天，它能够最大限度地平衡效率与时间、人力成本。用较短的时间完成业务流程，大大提高了效率，节约了企业的人力成本和资金。

6. RPA 能够实现基层业务人员的价值提升，优化人力资源配置

通常，由于业务发展的需要、信息化建设的不完善，企业花大价钱招聘的大量员工中有很大一部分从事基础性的“搬运”工作（比如数据的上传和下载、各类报表的编写、在 Excel 文件中机械地复制和粘贴）。长此以往，这些“搬运”工作不仅消磨员工的积极性，而且无法充分发挥员工的主观能动性。即使部分员工有很好的创造性和创新性，但每天都被淹没于大量、重复、机械的“搬运”工作中，无法从更高层面思考工作效率的提高方法和业务流程的优化路径等，造成“高配低能”。

RPA 的出现以及未来人工智能的不断发展将打破这种不合理的束缚。基础的“搬运”工作完全可以交由 RPA 机器人来完成，员工的双手和大脑得到解放，可以投入更有创造性的工作中，比如优化业务流程、提升管理决策水平、思考市场变化的对应策略等，这样能充分发挥员工的潜能，全面提高业务协同的效率，为企业创造更大的价值。

1.1.4　RPA 产品的组成和功能

1．RPA 产品的组成

因为 RPA 产品是以一种非侵入的方式操作各类软件系统，所以它的技术组成大多采用 C/S（Client/Server）架构。从目前业界主流 RPA 厂商的产品来看，RPA 产品一般由如图 1-4 所示的 4 部分组成。

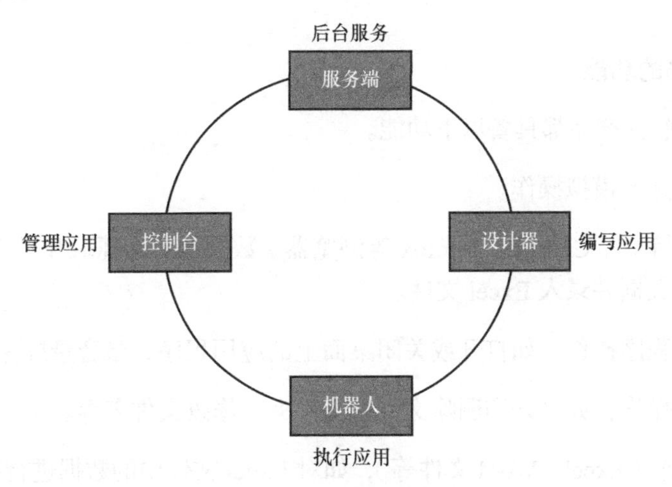

图 1-4　RPA 产品的组成

1）设计器

设计器（studio）主要用于设计和编写 RPA 应用流程，类似于传统软件开发用到的集成开发环境（Integrated Development Environment，IDE）。

RPA 应用流程是一系列封装好的应用组件和代码的集合。它规范了机器人的执行步骤和操作范围，确保机器人执行流程过程中的准确性。同时，在设计器中还可以进行代码调试、应用发布、导入第三方包或库等操作。

2）机器人

机器人（robot）用于执行设计器编排好的 RPA 应用流程，它按照既定步骤完成某个流程的自动执行，执行期间无须人为干预。一般来说，RPA 机器人可以分为有人值守机器人和无人值守机器人。有人值守机器人采用手动触发，触发的时间完全依赖于人工何时启动机器人。无人值守机器人采用定时触发，触发的时间事先设定好，时间一到自动启动机器人完成任务。

3）控制台

一般来说，控制台（console）大都基于 Web 网页技术（本地化部署的 RPA 产品就是一个离线版的页面）。它是一个包含管理用户权限、使用授权许可、机器人状态，计划任务、日志审计、数据统计分析等功能的平台。用户可以通过该平台远程控制机器人。

4）服务端

RPA 的后台服务一般部署在 Windows 或 Linux 服务器上。服务端（server）主要提供各类 RPA 的后台服务和应用组件，比如数据库、缓存、负载均衡、文件存储、机器人调度等。

2. RPA 产品的功能

大多数 RPA 软件产品都具备以下功能。

- 键盘和鼠标的模拟操作。
- 网页（支持 IE、Chrome、Firefox 等浏览器）数据的自动抓取和录入，如爬取某网页上的表格数据并录入 Excel 文件。
- 系统应用程序操作，如打开或关闭桌面上的应用程序、录音录屏操作等。
- 文件系统操作，如打开和删除文件或文件夹、修改文件名等。
- Office 操作（Excel、Word 文件等），如对 Excel 文件中的数据进行批量操作、查找、删除等。
- 数据库（MySQL、SQL Server 等）操作，如对数据表中的数据增、删、改、查。
- 收发邮件。
- SAP、Oracle、金蝶、用友等 ERP 操作。
- 光学字符识别（Optical Character Recognition，OCR）、自然语言处理（Natural Language Processing，NLP）等人工智能能力，如识别 PDF 文档内容等。

1.2 RPA 的发展现状和产品模式

在了解了什么是 RPA 后，接下来我们进一步了解 RPA 的发展现状和产品模式。

1.2.1 RPA 的发展现状

进入 21 世纪后，欧美发达国家已经建立起较为完善和便捷的基础设施，习惯使用各种现代化的软件工具（如 Office 和 ERP 等）来提升日常工作效能。同时，随着全球化时代的到来，各个行业的人力成本越来越高，欧美等国家的企业也开始寻求降本增效的方法。自2003年Blue Prism发布了第一款真正意义上的RPA产品开始，RPA概念便逐渐在全球流行起来。

1. 行业规模和增速

经过多年的发展，RPA行业已经成为拥有20亿美元（1美元约7.25元人民币）市场的快速增长行业。HFS的数据显示，RPA行业的年增长平均速度超过50%，预计2023年全球市场规模将达到103亿美元，截至2019年，中国RPA市场规模为10.2亿元，较上年增长96.6%。2020年受疫情影响增速有所下滑。但全球著名咨询调查机构Forrester发布的RPA市场调查报告显示，到2025年，全球RPA市场规模将达到225亿美元，其中，RPA服务市场规模为160亿美元，RPA软件市场规模为65亿美元，RPA服务市场规模几乎是软件市场规模的3倍，如图1-5所示。

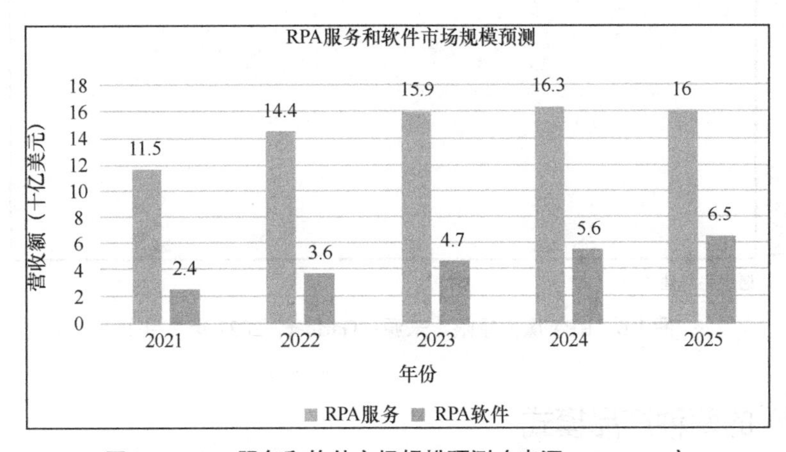

图1-5 RPA服务和软件市场规模预测（来源：Forrester）

2. Gartner魔力象限报告

2019年5月，Gartner发布了RPA行业第一份魔力象限报告，此后就延续了下来。《2021年RPA魔力象限》报告中的魔力象限如图1-6所示，上方第一象限的企业都是行业中领先的RPA厂商，UiPath是此行业中的佼佼者。作为全球权威的IT研究与顾问咨询公司，Gartner的这份报告标志着RPA行业由先前的初具规模进入了快速增长期，随着全球各个组织数字化转型热潮的来临和COVID-19（新冠病毒）疫情的出现，RPA市场呈井喷式增长，同时RPA引起了传统软件供应商和云计算服务商的兴趣，它们纷纷加入这个行业。与2020年相比，2021年中国RPA厂商进入第一象限，这对RPA市场的发展起到巨大的推动作用并扩大了影响力。对国内外各大RPA厂商来说，这意味着正式进入一个群雄逐鹿的时代。

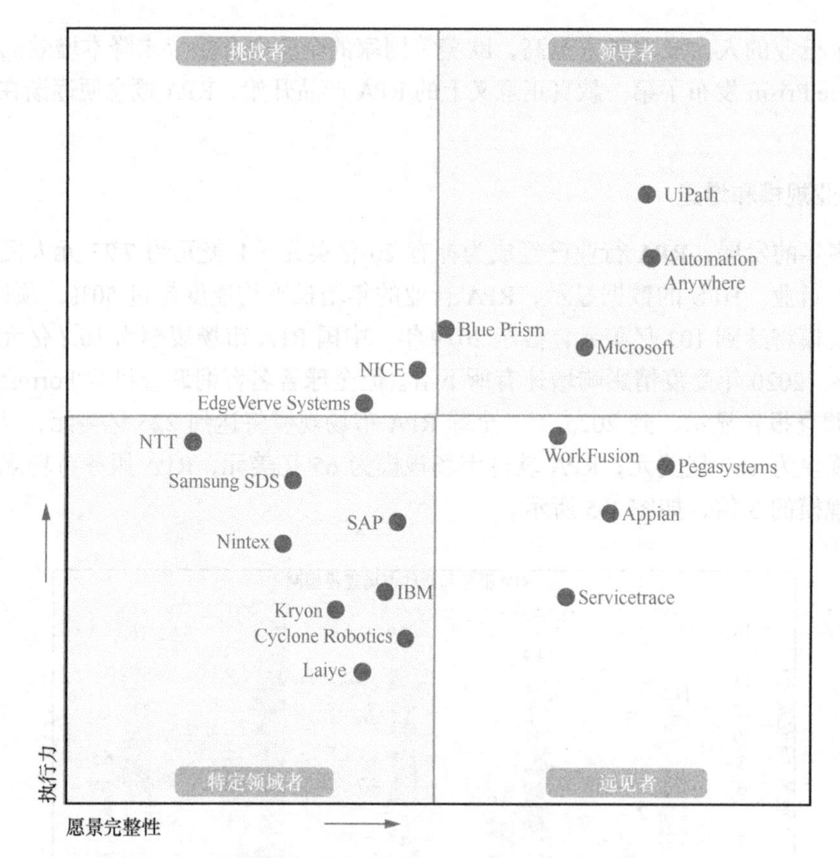

图 1-6 RPA 魔力象限（来源：Gartner，2021 年 7 月）

1.2.2 RPA 的两种产品模式

随着近几年 RPA 在国内市场被越来越多的人所熟知，一些领军企业开始尝试使用 RPA 来提高员工工作效率并节约成本。而在这些企业具体的 RPA 实施和落地过程中，大多数 RPA 厂商都会根据企业的实际情况提供如下两种模式。

1. 本地化部署（线下部署）模式

本地化部署模式是 RPA 的一种传统模式，是指将 RPA 服务端和客户端都部署在企业内部环境，并基于企业特定的业务流程定制化开发 RPA 应用，如图 1-7 所示。

之所以使用本地化部署模式有两方面原因。一方面，大多数 RPA 厂商都有广泛的客户群体，本地化部署模式为客户提供了丰富的定制化流程开发服务；另一方面，安全起见，RPA 服务端需部署在企业内部，因为某些行业（比如金融、政务）对数据安全要求比较高，如果采用公有云 SaaS 化模式，会存在数据泄露的风险。

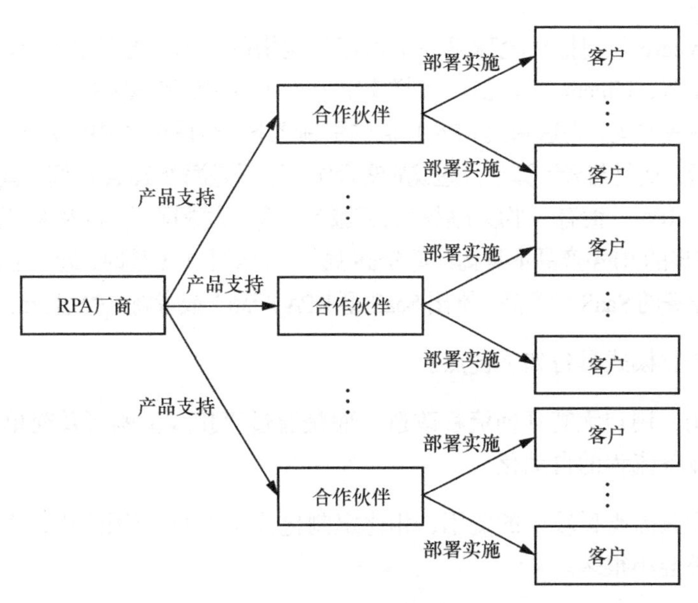

图 1-7 本地化部署模式

因此本地化部署模式提升了企业对 RPA 的管控力度，不管是在流程的定制化上、使用的灵活性上还是数据的安全性上都有了较为完美的平衡和完善的落地方式。

一般来说，本地化部署模式大多由 RPA 厂商提供产品和技术支持，并由其合作伙伴提供流程挖掘、流程定制化开发和售后维保等服务（也有部分 RPA 厂商提供原厂交付），而用户作为 RPA 的最终使用者将从 RPA 实施后的效率提高上获得应有的价值。

本地化部署模式的优势在于可以为用户提供量身定制的服务。在 RPA 实施初期专业的流程咨询专家会为企业提供流程挖掘和分析服务，将工作流程拆解为可以被 RPA 产品进行自动化处理的流程步骤；在 RPA 实施中期专业的交付专家会提供 RPA 应用流程的编排、调试、上线等服务；在 RPA 实施后期专门的运维专家会提供 RPA 产品和应用流程的维保服务。

这种模式的劣势在于，由于需要高度定制化，一般为某企业实施的应用流程很难大规模复用于其他企业。另外，这种模式相对于公有云 SaaS 化模式来说投入成本较大，周期相对较长，因此比较适用于大中型的有较好成本支撑的企业。

2. 公有云 SaaS 化模式

在 RPA 厂商和合作伙伴不断为企业定制业务流程的过程中，很多共性的流程被不断发掘、抽象和提取出来，最终成为一个个通用的 RPA 流程，比如电商领域的活动报名、上市公司的财报下载、财税领域的税务申报等。这些流程的共性是对某个行业或某个特定的业务领域具备通用性，用户只需对其进行一些简单的配置即可直接使用，而无需对流程本身进行大幅度的定制化改造。当这样的流程越来越多并发展到一定规模之后，就诞生了公有云 SaaS 化模式。

Automation Anywhere 公司推出全球第一个纯基于网络的云原生数字化劳动力平台 Enterprise A2019。2019 年 7 月，UiPath 宣布已将端到端超自动化平台集成到 AWS 的企业级云基础设施、云应用和人工智能解决方案。在这两大 RPA 厂商的引领之下，全球很多 RPA 厂商都开始陆续上云。或是自身迁移上云，或是与云计算平台达成战略合作。不只是海外 RPA 厂商，国产 RPA 厂商也在跟进。当前的国产 RPA 厂商有一半以上转型自云服务厂商、大数据厂商以及人工智能厂商。作为平台型厂商，它们推出的 RPA 产品本身就具备 SaaS 属性。截至本书发稿时，近一年来，新上线的 RPA 很多也是基于云服务的 SaaS 型产品。推出 SaaS 型 RPA 产品，或者将 RPA 上云，早已是行业共识。

公有云 SaaS 化模式具备如下优点。

- 即开即用，用户无需任何流程改造，而是通过直接线上购买及简单的参数编辑就能完成其业务流程的自动化。
- 购买应用只需支付较少的费用，相比定制化开发 RPA 应用流程，人力、物力、时间等成本都会小很多。
- 这种方式面向广大的用户群体，而不仅仅只针对那些需要定制化开发的大中型企业，在大规模开拓市场方面特别有效。

但是，我们也要看到这种模式存在的问题。

1）应用质量问题

如何保证用户买到的应用是其需要的，并能真正解决实际的业务问题？通常来说，RPA 厂商需要投入大量的人力和时间保证其应用市场上 RPA 应用的可用性。

2）维护问题

RPA 是基于某个或某些特定系统进行自动化操作的，如果系统本身发生了变化或更新，那么应用的维护和再发版的时效性将受到影响。

3）应用不足

如果应用市场中没有合适的应用，那么用户将无法使用 RPA，需要合作伙伴或者开发者针对场景开发相应的应用流程。这样需要投入大量的人力成本和时间。各个 RPA 厂商和合作伙伴需要权衡投入产出比。

1.3 RPA 工具介绍

近几年，随着 RPA 在国内市场的持续推广和不断发展，越来越多的国外 RPA 厂商进入国内市场，并开始大规模攻城略地。同时，国内一些企业由于其原有的产品特性和业务领域与 RPA 概念有着异曲同工之妙，也趁着这一风口选择转型 RPA 赛道抢占市场。

目前国内 RPA 市场常见的 RPA 产品主要分为两类：一类是国外厂商的 RPA 产品，典型的代表是 UiPath、Automation Anywhere 等；另一类是中国厂商的 RPA 产品，典型代表是金智维、阿里云 RPA 等。同时，一些行业新秀也在凭借其独特的产品优势开始涉足 RPA 领域，与老牌 RPA 厂商同台竞技。以下是对国内外一些主要 RPA 工具的介绍。

1.3.1 Automation 360

Automation 360 是一款基于云原生的 RPA 工具。

1. Automation 360 简介

Automation Anywhere（简称 AA）公司成立于 2003 年，该公司产品 Automation 360 是一款采用分布式架构的 RPA 工具。该工具主要包含 3 个组件，分别是 Bot Creators、主控制器和 Bot Runners。Bot Creators 和 Bot Runners 连接到主控制器，主控制器相当于 Automation 360 的大脑。Bot Creators 仅用于创建 RPA 机器人。Bot Runners 负责运行或执行预定的机器人。多个 RPA 机器人可以并行执行，但 Bot Runners 无法单独更新或创建自动化任务。此组件能够将 RPA 机器人执行的日志状态以报告形式发给主控制器。主控制器是架构中最重要的组成部分。它是一个 Web 服务器，主要控制 Bot Creators 创建的机器人。主控制器主要提供集中用户管理、自动化部署、源代码控制等功能，还提供可视化界面方便用户进行操作。

2. Automation 360 评测

1）优点

Automation 360 可以在对象级别而不是表面图像级别进行自动化。基于云原生的 Automation 360 是一款无需下载和安装客户端，也不需要软件更新，只要连接互联网就能使用的通过网页端提供的业务流程自动化软件。它可以在各种需求中提供比本地化部署模式更优越的安全性和隐私性。

2）缺点

Automation 360 对于初学者不太友好。相对于其他 RPA 工具，Automation 360 有较多的权限，而且在安装的过程中很容易出现错误。

3）特色

Automation 360 能够使用云原生、基于网页的 RPA 和人工智能软件实现业务流程自动化。

3. 小结

Automation 360 是一款基于分布式架构的 RPA 工具。

Automation 360 云原生的特点使得实现自动化能够降低总成本，而且针对云原生的自动化提供了比本地更优越的安全性和隐私性。

1.3.2 UiPath

UiPath 是 Gartner 2021 年 RPA 魔力象限中位于领导者象限的 RPA 厂商，在 RPA 市场中占据举足轻重的地位。

1. UiPath 简介

UiPath 是一家成立于 2005 年的软件公司，致力于开发 RPA 平台，与全球知名工厂及咨询公司都有着广泛的合作。各调查机构出具的资料报告都显示，UiPath 是这一领域领先的公司之一，它先后被 Gartner 和 Forrester 列为此行业的领导者。2019 年 5 月，UiPath 宣布完成 5.68 亿美元的 D 轮融资，投资后估值为 70 亿美元。2020 年 7 月，UiPath 宣布获得 E 轮 2.25 亿美元融资。2021 年 2 月，UiPath 宣布获得 F 轮 7.5 亿美元融资。在过去两年中，年度经常性收入从 800 万美元增长至 2 亿美元以上，可以说是目前全球增长快、价值高的人工智能企业软件公司之一。公司于 2019 年 6 月与美国特朗普团队签署协议表示在未来 5 年内培养 75 万名 RPA 人才。UiPath 公司的 RPA 工具 UiPath 在中国国内市场占有率很高。

RPA 工具 UiPath 包括 3 个部分——Studio（自动化流程的开发设计工具）、Robots（执行工作流程的机器人，分为有人值守机器人和无人值守机器人）和 Orchestrator（集中调度、管理和监控所有机器人）。

2. UiPath 评测

1）优点

UiPath 的学习资源比较多，学习资料比较容易找到，且市场广，较容易上手。同时支持手机端，可生成控制 App，远程进行一键流程执行。支持单流程的多版本运行。UiPath 为可视化开发，主要方式为拖、拉、拽，在需要数据类型转换时会用到代码开发，流程画布支持非线性表示及状态机表示。UiPath 为开发者提供了一种称为企业框架的开发模板，使得 RPA 开发者快速实现流程自动化架构，对主架构不熟悉的新手也能够快速上手实践。

2）缺点

UiPath 通过文件夹方式进行流程及机器的管理，账号和账号间的配置不共通。不支持多流程共同执行。

3）特色

UiPath 的可视化开发页面简洁明了，容易上手。没有 Automation Anywhere 烦琐的权限问题，适合 RPA 初学者入门。UiPath 的 Orchestrator 可以指挥机器人执行重复业务流程。它可以帮助用户管理环境中资源的创建、部署和监控。

3. 小结

UiPath 是一款市场占有率很高的、在 PC 端和手机 App 上都可以实现自动化操作的国外 RPA 工具。UiPath 提供的企业框架使得开发的流程更加稳定和易用。UiPath 能够通过 Orchestrator 对流程机器人进行有效的管理。但 UiPath 不支持多流程共同执行。

1.3.3 金智维

作为国内的本土 RPA 厂商，金智维在国内 RPA 市场中处于举足轻重的地位。

1. 金智维简介

金智维是一家专注于企业级 RPA 技术的人工智能公司。公司核心团队组建于 2009 年，由 IT 领域资深专家、金融交易的全栈型开发骨干以及人工智能领域研发人员组成，至今已拥有 10 余年企业级 RPA 技术的积累。金智维致力于用科技创新手段推动企业的数字化建设，在国内率先推出具有自主知识产权的企业级 RPA（K-RPA），并以安全、高效、稳定的处理能力，兼具易扩展、易维护、易使用的管理特点，获得业界客户的高度认可和广泛应用。金智维已经为全行业提供超 20 万名数字员工，其运营管理平台以创新性、可推广性、经济性等优势在路演中备受关注。

2. 金智维评测

1）优点

金智维支持中文代码或者可视化开发，对于国内学习者友好。

金智维采用流程顶层设计和底层分离的架构，可视化画布支持非线性表示和状态机表示。同时支持原生和第三方 OCR。金智维支持定时自启动。

金智维提供执行结果事件通知机制，支持短信、邮件、微信等多种消息渠道通知，确保管理人员实时掌握全部动态，管理更加方便和及时。

金智维提供机器人安全隔离管控机制，实现部署隔离、运行隔离、管理隔离和监控隔离等，能够避免对已有系统或者机器上日常业务运行产生影响。

金智维提供机器人容灾多活管理机制、机器人负载均衡执行机制，通过多种手段确保系统的鲁棒性。

2）缺点

虽然金智维有开发及交流社区，但并不完善，同时不支持第三方控件库，而且不支持画中画及多流程同时运行。

3）特色

金智维作为一款国产 RPA 工具，其中文学习资料方便国内学习者使用。该工具支持运行 Python、Java、JavaScript、Perl 语言的脚本及控制台命令，而且支持 Windows、Linux、安卓等众多平台。

金智维还支持远程登录协助、远程登录结果查验等。

3. 小结

金智维是一款在金融行业市场占有率高的、支持多平台（包括 Windows、Linux、安卓）的国内 RPA 工具。对于国内学习者比较友好，但是不支持多流程同时运行。它通过机器人安全隔离管控机制、事件通知机制和容灾多活管理机制使得系统更加可靠。

本节从多个方面对 3 款不同 RPA 厂商的产品进行了分析及评测，为读者直观地提供这些产品在开发、管理及使用等层面的特点及优缺点。方便读者选择适合自己的 RPA 工具。

不管是国内还是国外的 RPA 产品，都有其各自的特点和优缺点。由于国外 RPA 行业兴起比较早，产品研发体系较为健全，并且通过大量海外大型企业的实际案例验证，因此，不管是 RPA 产品的成熟度、稳定性，还是强大的生态伙伴体系建设，国外 RPA 产品相较国内产品都具有一定的优势。而国内 RPA 行业起步较晚，RPA 厂商大都由其他行业转型而来，产品研发水平参差不齐，生态伙伴建设快慢不一。但是，近两年国内 RPA 厂商加大了产品研发力度，并投入重金不断开拓各个细分市场，驶上了一条与国外厂商一较高下的快车道。

企业用户作为 RPA 产品的最终使用方，是采用国外产品还是国内产品，需要根据企业自身所处的行业特性和业务流程特点，多维度、全方位地综合评估，并结合不同产品的特点对具体情况进行分析和落实。

1.4 企业需要 RPA 的理由

RPA 这种新技术和新概念正在为企业带来实实在在的价值，并将其转化为切实可行的生产力。具体来说，RPA 解决了哪些问题？对企业来说，为什么需要 RPA 的协作呢？RPA 带来的价值又从何处体现？

1.4.1 将信息孤岛变成信息通衢

随着企业经营业务的多元化和复杂化，业务流程变得越来越复杂，在企业内部信息孤岛随处可见，RPA 的出现可以整合各个相关业务流，通过自动化的手段将业务流程的上下游串接起来，形成小规模的业务闭环。同时，通过机器人将不同信息孤岛里的数据来回传输，建立一整套基于数据流转的信息通衢，这样可以大大提升各业务线的执行效能。

1.4.2 节省企业人力成本

中国企业社保白皮书显示，“成本过高”长期稳居企业经营难题之首。而 RPA 的引入，可以大大降低企业在人力上的投入。从笔者多年的从业经验来看，一个 RPA 机器人每年的投入在 5 万元左右，而一位普通的业务人员工资及各项社保支出每年的投入至少 10 万元（一二线城市远不止），因此机器人比人工便宜至少 50%，这大幅降低了企业人力成本。如果企业采用的 RPA 机器人数量多，那么边际成本会更少。

1.4.3 提高业务流程的执行效率

根据笔者的观察，很多企业已经尝试使用 BPM 工具和流程再造、优化来提高业务流程执行的效率问题。但这些解决方案在实际操作中由于业务的复杂性和跨多个部门等种种原因遇到阻力，导致其不能在整个企业范围内应用。

BPM 工具虽然在一定程度上可以简化流程，并消除流程步骤之间的等待和停机时间，但流程的实际执行大部分可能仍需手动操作。对于流程再造和优化，由于可能需要大幅改动现有业务流程并付出较高的成本，企业往往避免重新设计流程或彻底抛弃现有工作方法。

相比之下，RPA 允许公司内部的单独业务部门定制解决方案，以快速构建数字化流程，在短时间内提供显著和可持续的价值，同时较大程度地降低总体风险。通过在部门层面构建和部署，管理人员可以快速处理重复性高且烦琐的业务流程，从而提高效率和节约成本，同时尽量保持灵活性。

同时，企业员工由于自身的特点，受诸如疲倦、外界干扰、心情等的影响，有时人工操作效率比较低下，而采用 RPA 机器人执行既定的应用流程，机器人的操作速度可以达到人工处理的 N 倍（一般是 2～3 倍），并可实现 7 × 24h 工作。

1.4.4 平衡开发周期和成本且投资回报周期较短

为了提高效率，企业通常会通过增加人工或采用传统的模式来开发软件。现在，RPA机器人为企业提供了第三种选择，并且优势明显：它既不像增加人工那样效率不高且易出错，也不像传统模式开发软件那样需要投入较大的成本及较长的开发周期。同时，易于部署的特性以及为企业带来的开发效率上的提高可以大大节省成本支出，缩短投资回报周期。截至本书发稿，大多数成本优化和效率改进都是通过集中化和流程标准化来实现的，而RPA机器人在标准化流程的执行方面有天然的优势。

综上所述，RPA在企业数字化转型和提升业务效能方面发挥着重要的作用，通过RPA项目的快速实施和交付上线，能够迅速推动企业业务流程的自动化进程，为企业持续创造价值，使企业员工能够从大量重复、烦琐的工作中解放，专注于具有更高附加值的数据分析、决策和创新工作，提高企业在市场上的竞争力，实现共赢。

1.5 RPA的优劣势

一个事物总有两面性，RPA也不例外。作为一个快速发展的领域，RPA有其他技术无法比拟的优越性，但也有局限性。

1.5.1 RPA的优势

1. 非侵入性

RPA机器人采用在系统表现层操作的方式，不会对企业现有的系统造成任何威胁，也不会影响现有系统的稳定性。RPA机器人遵循现有系统的安全性和数据完整性要求，模拟人的操作行为去访问当前系统，这样可以最大限度地与现有系统共存，彼此不会造成干扰。

2. 较少编程

在RPA实施、交付过程中，很少需要编写代码。RPA的设计初衷是为企业内部业务人员提供流程上的自动化。熟练掌握业务流程但编程经验少的业务人员可以在短时间内学会使用RPA软件，通过控件拖曳的方式（RPA软件已经实现了封装）实现业务流程的自动化编排。国内外的很多RPA软件都提供了类似于流程图设计器的图形界面方式，只需要使用代表流程中步骤的图标来创建业务流程定义。

3. 快速开发和高效运维

正常情况下，除去前期的服务器部署、环境安装等工作（大约需要半天时间），一个熟悉业务流程的人员开发一个中等难度的 RPA 应用流程只需要 2～3 天，然后就可以上线运行。这种模式不仅大大提高了流程的处理效率，解决了业务上的痛点，而且后续应用流程的修改和运维工作也相当便捷。针对同样的业务，如果换成传统的开发模式（如使用 Java、C#等编程语言进行开发），开发周期会呈几何倍数增加。

RPA 的优势很多，这里无法一一列举。在实际的 RPA 案例中读者可以体会到 RPA 给企业和员工的日常工作带来的好处。

RPA 机器人的功能及系统结构如图 1-8 所示。

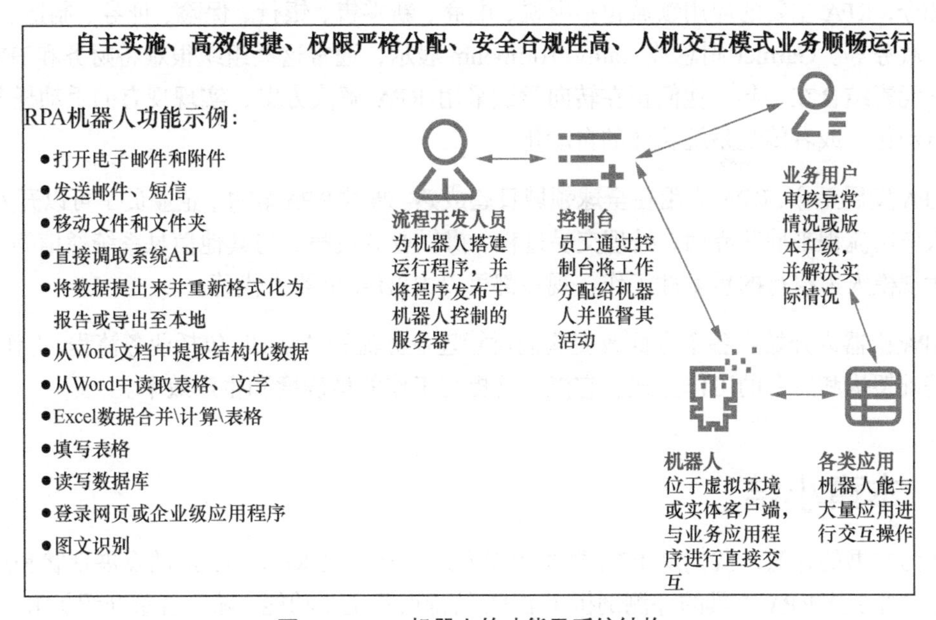

图 1-8 RPA 机器人的功能及系统结构

1.5.2 RPA 的劣势

1. 需要基于明确的业务流程规则

RPA 非常快速且高效，但这种高效是建立在规则明确、流程确定的基础之上的，如果存在错误的规则，或者规则一直处于变化中，那么采用 RPA 机器人可能会产生错误。如果一个业务流程需要复杂且模糊的判断逻辑，RPA 机器人是无法 100%取代人工做出判断的，这种情况就需要人工干预，这种场合不适合使用 RPA。

2. 异常处理机制不健全

目前国内外 RPA 厂商提供的软件在应用流程执行过程中的异常处理机制都不太健全，针对宕机、流程回滚、中断后的流程接续等问题并没有较好的解决办法。在某些有特殊要求的流程中异常处理机制的不健全有可能给企业带来比较差的体验，更有甚者会造成不必要的损失。

但无论如何，RPA 不仅仅是一项技术，还是数字化转型中不可或缺的一部分。结合人工智能和大数据技术，RPA 创造了新的数字劳动力。

1.6 RPA 的适用场景

如今，RPA 主要的应用领域包括财税、电商、新零售、银行、保险、证券、制造、能源、医药、政务等。Gartner 副总裁 Cathy Tornbohm 表示，通常这些组织很难将财务和 HR 系统等不同元素结合在一起，他们正在转向尝试采用 RPA 解决方案，实现现有的手动任务或流程的自动化，或者传统系统功能的自动化。

RPA 发展至今，RPA 应用在全球领域日趋成熟。通过 RPA 软件，企业员工可以开发 RPA 机器人应用流程来捕获界面、处理交易过程、操纵业务流程、与其他信息系统通信等。任何采用大规模人力执行的重复性工作，现在都可以由 RPA 机器人代劳。

RPA 机器人开始在各个方面改变我们对管理业务流程的认知，包括业务流程、工作流程、远程基础架构和后台的工作方式。它能显著提高工作的精确度和生产效率。

1.7 本章小结

作为本书的开篇，我们从 RPA 概念出发介绍了什么是 RPA、RPA 的发展现状和产品模式，通过对 3 款 RPA 工具的评测剖析了 RPA 的特点及主要功能，随后着重介绍了 RPA 给企业带来的价值和适用的场景，以帮助读者建立对 RPA 的基本认知。

RPA 实现了用可视化编程思想编写应用流程，通过 RPA 机器人代替人工操作，可以提高工作效率，节省人工成本，带来更高的经济效益。因此，RPA 在许多行业得到广泛应用。

随着 RPA 概念在中国的全面传播，RPA 市场已呈井喷之势。RPA 在财税、电商和新零售等领域得到广泛应用，并已经成为企业数字化转型的重要推手。面对 RPA 这一“大蛋糕”，国内 RPA 企业的数量也在不断增加。未来，RPA 将会成为中国乃至全球市场不可或缺的一部分。

RPA 的未来可期。

第2章

企业为何选用 RPA

RPA 的出现拓宽了以往人们认为的“需要根据不同业务开发很多 IT 系统”这一固有思路。在不增加大量软件系统及工作量的前提下，我们通过 RPA 软件可以实现一些业务流程的改造及自动化。虽然 RPA 无法完全取代企业信息化系统建设，但是 RPA 为企业提供了解决业务流程重复、烦琐问题的全新视角。

企业选用 RPA 是一种无奈之举，还是 RPA 本身就是企业数字化转型过程中的重要组成部分？本章会给读者一个清晰的答案。本章主要介绍目前国内企业发展过程中遇到的痛点和机遇，以及 RPA 在企业数字化转型过程中扮演的角色及作用。

2.1 企业面临的困境

随着信息技术的不断发展，国内企业或主动或被动地开始进行数字化转型。然而，众多企业都或多或少地遇到来自企业内部与外部的困难。

2.1.1 信息技术的发展对企业的影响

随着前三次工业革命（第一次工业革命以蒸汽机作为动力机被广泛使用为主要标志，第二次工业革命以电力的发明和应用为主要标志，第三次工业革命以电子计算机、航天技术和生物工程等的发明和应用为主要标志）的不断发展和延伸，人类社会进入了蓬勃发展的信息化时代。信息技术逐渐成为现代社会活跃的生产力之一，在为社会和经济的发展创造巨大价值的同时也带来了深远的影响。信息化水平的高低已然成为衡量一个地区、一个国家现代化水平和综合国力的重要标志之一。

1993 年 9 月，美国政府率先提出了国家信息基础设施（National Information Infrastructure，NII）计划，即信息高速公路计划。该计划不仅将美国的信息化建设推上了一条高速行驶的快车道，而且借助这条“信息高速公路”，美国信息技术走在了世界前列，这为日后美国国内大量优秀科技企业的诞生（如 Google、亚马逊等）奠定了基础。随后，全球范围内其他一些发达国家也紧随美国掀起了一波建设“信息高速公路”的浪潮，如英、法、德、日等国纷纷提出各自的信息技术发展计划。从 1993 年起，我国启动国民经济信息化“三金工程”，由此，我国的信息化建设进入一个全面推进的阶段。

信息技术的高速发展不仅给社会带来了巨大的经济效益，也给企业的发展带来了全新的变革。企业原有的业务流程、分工模式、管理方式、组织结构越来越不能适应瞬息万变的信息化时代的发展趋势。在企业信息化建设过程中，现代企业的管理模式也在不断发生相应的变化，如企业的组织架构越来越扁平化，企业的运营更加关注外部市场的变化，企业的业务流程变得更加精简、高效，企业的生产开始朝着自动化方向迈进。信息化浪潮对企业原有的传统经营管理模式产生了巨大的冲击，很多企业在历史车轮的推动下跌跌撞撞地迈进了信息化建设之路。

企业信息化建设已然成为国家宏观重要发展战略和发展方向，如果你有 20 年以上的工作经验，身处于中国这个大环境背景下，能够清晰地感知这 20 年来工作方式发生的巨大转变。回望近 30 年来中国的企业信息化转型之路，可以发现无论是从 20 世纪 80 年代的进销存、财务软件到研发设计软件、生产制造软件，还是到 90 年代引入外企的 ERP，再到 2000 年年初出现的系统集成解决方案及外包开发和软件即服务（Software as a Service，SaaS），以及到 2014 年的企业服务风险投资（Venture Captial，VC）热潮，企业的数字化转型之路变化迅猛，需求也在日益增加。从信息化发展历史来看，我国信息化发展战略思想的形成有一个逐步发展和深化的过程。这一过程是与信息技术革命突飞猛进、经济全球化深入发展、信息产业高速成长，以及我国工业化进程不断迈向发展新阶段紧密联系在一起的。

在企业信息化建设过程中，自动化一直是从基层员工到管理层人员向往实现的目标之一。比如计算机能够自动获取各种销售数据并对数据进行分析比对、自动收集遍布在工厂各个角落的设备运行信息、自动完成各种表单数据的录入和下载等。在提高员工工作效率、优化企业业务流程、节省企业成本等方面，自动化似乎扮演着“救世主”的角色，它好比在企业这辆机动车上再配备一台强大的发动机，可以大大加快企业的发展速度，使企业更快地迈入信息化的大门。但是，由于早期基础信息环境的不健全、信息化工具能力的不足等，人们美好的愿望和实际效果之间存在的巨大差距让企业开始真正思考如何让自动化应用变得更合理，如何通过搭建信息化平台和迭代更新提升企业的整体效能，并突破原有的瓶颈，实现生产效率变革。

经过几十年的信息化技术创新和反复实践，如今的大中型企业（包括部分小微企业）大都已经建立起比较完善的信息基础设施，OA 系统、ERP 系统、BPM 系统等在企业各个部门得到广泛使用，整体信息化建设水平迈上了一个崭新的台阶。而让计算机变得智能、让软件机器人能够自动完成人类做的工作这一设想从 RPA 这个概念诞生那一刻开始变得越来越贴合实际。

2.1.2 企业在数字化转型中面临的难题

传统企业的数字化转型是近几年来国内时常提及的一个重要课题，但什么是数字化转型，如何实现企业的数字化转型，可以说是众说纷纭。不过有一点是普遍认同的，对大部分行业或领域来说，企业不做数字化转型就会逐渐被时代淘汰。在跨界竞争变得越来越平常的年代，打败你的可能不是你的竞争对手，而是和你所在行业完全不相关的其他行业的企业。

因此，绝大多数企业投入大量的人力、物力和财力希望通过数字技术和手段来推动企业组织的变革、业务模式的创新和管理效率的提高等。但是，有的时候往往事与愿违，真正成功实现数字化转型的企业是比较少的，而大多数企业受困于各种各样的历史包袱，在数字化转型过程中要么进展缓慢，要么停滞不前。笔者结合自身的认知和实际的项目经验，总结了企业在数字化转型中面临的难题。

1. 企业部门众多，业务流程复杂且烦琐

随着经济的迅猛发展，我国的很多企业驶上了高速发展的快车道，短短几十年间从小作坊发展成业务遍布全国各地、多种业态相结合的多元化、集团型企业，甚至很多企业跨出了国门，业务拓展到海外。

在企业高速发展的过程中，针对多元化的业务要么通过不同的部门来处理，要么在国内外各个地区建立众多的分公司或子公司。同时，不同的业务发展需要有不同的业务操作流程相匹配，比如财务部门需要处理财务对账、费用报销等业务，运营部门需要处理广告投放、运营效果分析等业务，HR 部门需要处理人员招聘、绩效考核、薪酬发放等业务，再加上企业管理规范和安全合规性的要求，必然导致企业内部部门林立，业务流程复杂且烦琐。企业越大，这种现象就越突出。

有些企业建立了科学的企业管理制度，企业内部流程、权责、分工井然有序，而大多数企业在几十年粗放的发展和经营过程中，忽略了制度和流程的建设，导致企业内部存在很多不合理、重复和冗余的业务流程。与笔者交流的某些企业高层甚至明确表示随着时代的变迁和企业业务重心的变化，有些分公司或子公司的存在变得多余，亟待更好的技术或替代方案帮助他们精简机构与流程。

2. 业务系统众多，容易形成数据孤岛

企业业务的多元化必然需要有不同的业务系统做支撑，否则很多业务无法开展。在 20 世纪 90 年代开始的信息化建设浪潮中，软硬件都经历了爆炸式增长，从早期的 Office 软件

套件到企业核心业务全覆盖的主流ERP软件，再到后来，由于大量的定制化需求及软件如雨后春笋般出现，软件外包行业兴盛，企业的日常工作逐渐被各种各样的软件所包围，离开了软件的支撑，很多工作都无法开展。

但是，软件是按照业务或部门的需求来设计的，这就带来一个问题——一款软件只能解决某一类业务问题。比如，BPM软件只能解决流程管理和流程规范类问题，客户关系管理（Customer Relationship Management，CRM）软件只能解决与客户管理有关的各类问题，即使ERP软件套件集成了生产、客户管理、项目管理、销售、报价、合同、采购、库存、发货、售后、财务、人力资源、办公等绝大多数企业需要的资源，但是企业业务的发展和变化速度远远快于软件的更新速度，企业为了自身业务的需要又不得不新开发或购买大量的软件。

这样，企业内部的软件纷繁复杂，功能各异，架构也不尽相同。企业使用的办公软件变多，但是不同软件是由不同厂商提供的，彼此处于相互独立的状态。一个个系统如同一个个矗立的烟囱存在于不同的部门，系统和系统之间在缺少API的情况下很难直接打通，其后果是企业业务之间的协同变得异常困难，这是因为一项多元化的业务需要涉及多个部门、多个系统、多个业务流程。

3. 人力成本居高不下，加重企业负担

中国经济高速发展的几十年间，各类物价都在稳步上涨，相应的企业人力成本也水涨船高，这给企业增加了负担。

企业人力成本过高是由多方面原因造成的。一方面，由于社会经济的发展，每年都会有一定程度的通货膨胀，这是经济发展的固有规律；另一方面，据国家统计局2018年的报告，从1978年到2017年，国内生产总值增长迅速，而与之相匹配的是，企业在高速的发展中招聘了大量员工，购买了大量设备来满足业务拓展的需要。近几年，国内经济进入转型升级的关键时期，大部分行业的企业高速发展趋势已然不再，企业利润增长率的下降与人力成本的上升这一矛盾开始凸显。

此外，部分企业在人员的分工协作、岗位的合理分配、人员结构优化、信息化水平不足等多个方面出现的问题更增加了企业在人力方面的开支。在这种情况下，企业都在寻求“降本增效”的良方。未来几年这一问题也将成为企业在经济下行状态下面临的新常态。

4. 软件系统开发周期较长，效果无法准确估算

随着企业业务规模不断扩大，业务复杂性不断提高，为了提高业务执行效率，必然需要研发更多的软件系统与之相匹配，这样才能平衡成本和效益。

一般情况下，企业设计并开发软件系统时大都遵循一套固有的模式。首先，向软件

开发商（或内部 IT 部门）提出业务需求。其次，软件开发商对需求进行详细调研并将业务需求转化成 IT 架构设计，对设计进行反复多轮和全方位论证、评估、报价后签订商务合同。然后，进入软件开发和测试过程，在这一过程中可能需要反复沟通并调整原先的设计，使其更合理，与业务需求更切合。最后，系统上线试运行并验收，进入后期的运维工作。

从实施周期上看，执行完这套固有的软件开发模式少则几个月，多则一两年，如果开发过程中出现新的业务需求或外部发生变动，这个周期还会更长。

从成本投入上看，除去后期的运营和维保费用，一般中等规模的软件定制化开发费用在几百万甚至上千万元量级。

从效果和收益上看，ROI（Return On Investment，投资回报率）是企业管理者关注的指标之一。针对软件开发带来的业务上的效率的提高和投入的成本，目前还没有一个可以精准量化的方法，大多数情况下只能通过经验和对市场数据的研判进行粗略预估。

因此，对大部分企业来说，只有在没有更好解决方案的情况下才会投入大量人力、物力和资金进行中大型软件的定制化开发。除此之外，直接购买外部成型的第三方软件也不失为一个解决方案，但是第三方软件一方面价格相对昂贵，另一方面为了契合企业业务现状，很多情况下企业还需要进行部分定制化开发的工作，比如 ERP、BPM、CRM 等软件的实施就是典型的例子。

因此，在信息化建设过程中，企业采用哪种方式以达到成本和效益的最优是一项比较艰难的经营决策。

另外，按照传统信息化系统采购、实施与操作的流程往往耗时较久，尤其是大型项目。因此在这个过程中如果业务需求和当下的市场环境发生大的转变，或者政策已经完全变化，企业或者接受之前设计的方案，或者重新调整，这事必造成业务流程冲突或成本再次浪费。即便是企业内部的开发也存在这样的问题和矛盾。这些情况都说明传统的 IT 开发方式难以迎合如今瞬息万变的市场环境，无法为企业提供真正需要的价值。

5. 企业数据分散，数据无法产生实际价值

前面提到，企业为了开展业务搭建了很多软件系统，但是这些系统大都独立存在于各个部门，没有统一的工具或手段实现系统间的集成，导致数据分散在企业的各种软件中，无法有效运用。

一般来说，让数据产生足够价值的前提有 3 个。

- 有足够量、足够全面的数据支撑，避免出现以偏概全的现象。

- 有足够高效的方式将繁多的非结构化数据变成便于处理和分析的结构化数据。
- 有足够先进和有效的分析方法将结构化数据变成能辅助决策的价值信息。

三者缺一不可。但由于这 3 个前提的门槛较高，企业难以以自动化形式实现。因此，大多数企业只能通过人工的方式从各个系统或部门中获取数据，然后将数据合并、规整、分析，以支持管理决策或外部使用数据的需求。

近年来，某些互联网公司提出的数据中台策略可以有效解决上述问题。数据中台是聚合和治理跨域数据，将数据抽象封装成服务，以给前台提供业务价值的逻辑概念。但是，搭建一套数据中台成本较高，周期较长，一般中小企业很难承担，所以很多企业退而求其次，通过企业服务总线（Enterprise Service Bus，ESB）手段打通各个系统间的壁垒以实现集成业务处理。但是，ESB 大都在企业内部使用，而现在的系统越来越开放，与外界的交互越来越多，ESB 的弊端开始显现。

由于不同行业的不同企业信息化建设的水平参差不齐，资金不足的企业又难以以低成本开展信息化之路。在这些背景之下，可以说 RPA 是一项被催生出来的技术，它能够很好地解决上述问题。虽然仅凭 RPA 无法全面实现企业的数字化战略，但是它作为企业数字化转型过程中一个很好的“抓手”，能有效帮助企业降本增效，提高业务执行效率，因此在大量的实践案例中能够得到推广与普及。

2.2 企业面临的机遇

尽管信息化的发展给企业带来很大的影响，不同企业的发展也面临着不同的困境，但机会与挑战也在大数据和智能化发展的时代并存，企业在这个时代中会得到怎样的机遇？RPA 在其中又扮演什么样的角色？本节将从企业的角度和 RPA 产品的角度分别解答这些问题。

2.2.1 全球智能化浪潮的兴起

近年来，以大数据、人工智能、移动互联网、云计算、物联网等为代表的信息技术在全球蓬勃发展，人类社会开始迈入智能化时代。智能化浪潮席卷全球，各国政府相继出台促进智能化发展的各项政策，以鼓励本国企业在智能化方面不断开拓创新，在决定未来命运的新赛道上能够保持领先地位。在 2011 年的汉诺威博览会上，德国第一次提出“工业 4.0”概念，两年后德国政府将其纳入“高科技战略”框架中，并制定出一系列相关措施。2016 年 10 月，美国科学技术委员会发布《国家人工智能研发战略计划》，全面布局并确定长期投资发展人工智能技术。2019 年美国总统特朗普签署《维护美国人工智能领域领导力的行政命令》，启动了“美国人工智能计划”，以维持和巩固美国在人工智能领域的领导地位。2015 年 5 月，中国首次提及智能制造，提出加快推动新一代信息技术与制造技术融合发展，把智能制造作为两化深度融合的主攻方向，着力发展智能装备和智能产品，推动生产过程智能化。2015 年 7 月，国务院印发《关于积极推进“互联网+”行动的指导意见》（下称《指导意见》）。该《指导意见》将人工智能作为其主要的 11 项行动之一。明确提出，依托互联网平台提供人工智能公共创新服务，加快人工智能核心技术突破，促进人工智能在智能家居、智能终端、智能汽车、机器人等领域的推广应用。要进一步推进计算机视觉、智能语音处理、生物特征识别、自然语言理解、智能决策控制以及新型人机交互等关键技术的研发和产业化。2017 年 3 月，“人工智能”首次被写入《政府工作报告》。《政府工作报告》提到，要加快培育壮大新兴产业。全面实施战略性新兴产业发展规划，加快人工智能等技术研发和转化，做大做强产业集群。2017 年 7 月，国务院发布的《新一代人工智能发展规划》明确指出新一代人工智能发展分三步走的战略目标，到 2030 年使中国人工智能理论、技术与应用总体达到世界领先水平，成为世界主要人工智能创新中心。

在各国政府开放性促进政策的鼓励下，全球科技巨头〔如谷歌、Meta（原 Facebook）、微软、亚马逊、阿里巴巴、腾讯、百度等公司〕陆续发布一系列研究成果，促进智能化技术在全球的推广和普及。如在知识图谱、自然语音处理、语音识别、图像识别等人工智能核心技术上，谷歌始终走在科技公司的最前沿。通过多年来所收购的人工智能公司以及发布的大量智能化产品和技术，谷歌证明了其在全球智能技术领域领导者的地位。同时，我们见证了 AlphaGo 在人工智能技术上的突破，以及人脸识别、语音识别、深度学习等技术从实验室走进人们的日常生活。而“All in AI”的百度在各业务线上开始了从技术积累到价值变现的过程，涉及造车、人机交互、小度智能音箱、百度大脑、飞桨、智能云、Apollo 等。2017 年 10 月成立的达摩院则是阿里巴巴践行未来智能化研究和发展的最重要的载体。达摩院重点布局机器智能、数据计算、机器人、金融科技以及 X 实验室五大领域，拥有全面的 AI 技术布局，涵盖语音智能、语言技术、机器视觉、决策智能等方向，建成了完善的机器智能算法体系，不仅囊括了语音、视觉、自然语言理解、无人驾驶等技术应用领域，而且不断深化 AI 基础设施建设，重金投入研发 AI 芯片、超大规模机器学习平台，并建成单日数据处理量突破 600 PB 的超大计算平台。

正如吴军博士在《智能时代：大数据与智能革命重新定义未来》中所述的，大数据和机器智能会彻底改变未来的商业模式，很多传统的行业都将采用智能化技术以实现升级换代，同时改变原有的商业模式，大数据和机器智能对未来社会的影响是全方位的。那么，对大量的传统企业或非全球科技巨头企业而言，智能化浪潮又给他们带来了什么样的影响呢？在这场全球科技发展盛宴下，他们该如何应对？读者可以在后面内容中逐步得到答案。

2.2.2 智能化为企业带来的机遇

上面我们提到智能化浪潮正在席卷全球，全球各个国家的机构和科技巨头纷纷入局，希望在决定未来命运的新赛道上能领先一步，保持先发优势。而大多数的企业由于受自身技术、资金、人才等的限制无法直接与国际层面的大企业在智能化技术研发方面一较高下，但是却可以发挥自身的独特优势和行业特性从全球智能化浪潮中获得未来企业长远发展的利益。智能化技术的不断深入能给一般企业带来哪些难得的发展机遇呢？在笔者看来，从大的方面上来说主要包括以下两个方面。

1. 驱动企业数字化转型升级

在 2.1 节中我们谈到传统企业数字化转型道路上面临的困境，其中大多数问题其实都是企业信息化技术落后导致的。随着全球智能化浪潮的发展，许多先进的技术理念和手段应运而生，如双中台战略、企业上云、人工智能技术（OCR、NLP、机器学习等）、RPA 等。如果企业能将这些技术和手段与自身的业务特性相结合，可以切实实现数字化转型的目标，加快推进企业各部门的信息化水平。就拿笔者实际参与的一个项目来说，通过阿里云数据中台、RPA+OCR、全域集成和云资源（私有云、公共云）等产品和技术的应用，企业搭建了一套智能财税中台，加强了集团财税统一管控，促进了财税工作效能的提高，减少了财务人员重复劳动的时间，提高了对业务支撑的服务水平。企业内部存在着大量重复、低效率的业务和部门，如果通过智能化的手段不断改造升级，促使其实现高效率的业务协同和共创，那么在激烈的行业竞争中就能取得先发优势，实现对传统企业的降维打击，相较于前期智能化平台搭建投入的成本，其带来的经济价值和效益是巨大的。由此可见，智能化技术和传统业务的结合，实现了业务的转型升级，就如同传统马车换上了一台崭新的发动机，其功率和速度与传统马车不可同日而语。

2. 促进产业生态圈的健康发展

企业的发展不是孤立的，企业和企业间的协作分工不仅是可行的，而且是必需的。绝大多数企业无法独自建立全面的、完备的产业链，因此，彼此之间的合作就显得越发重要。但是，由于各企业的信息化、智能化建设水平参差不齐，难免发生整条产业链中某些企业拖后腿的情况，如同木桶原理，木桶的最大容积取决于组成这只木桶的最短的那块木板。对企业来说也是一样的，如果合作企业的信息化水平落后，思维和做事方式固化，那么在合作的过程中必然会增加很多不必要的沟通时间和成本。例如，某企业建立了比较完善的电子化采购和销售平台，而与之合作的另一企业还是采用传统的纸质单据，那么可想而知，在合作的过程中，仅仅是将纸质单据转换成电子数据就是一项比较耗时的工作，而且增加了企业成本。因此，很多企业为了提高与之相关联的上下游产业链间的业务协同效率，会要求或直接帮助一些核心关联的传统企业完成部分业务的数字化，这样才能在同一信息化水平下实现业务间的无缝衔接，其投入的成本相较采用传统作业方式会节省很多。当产业链中大量的企业都实现了信息化或智能化的改造之后，其发挥出的效能是巨大的，不但可以促进产业链中业务之间的协同，而且可以提升整个产业生态圈的核心竞争力，并有机会建立起健康的、良性循环的创新生态链，从更大范围、更高层次推动全产业的发展和变革。

2.3 RPA 在企业数字化转型中的作用

企业的数字化转型是顺应时代发展潮流的、不可逆转的趋势，越来越多的企业通过各种方式和手段寻求数字化转型，淘汰落后的技术，完成技术的升级和改造，以更好地支撑企业内外业务发展的需要。而 RPA 作为企业数字化转型过程中的“抓手”，得到越来越多企业的青睐。RPA 虽然不能称为真正的人工智能，但是从其概念的提出到近几年高速的发展历程可以看出，其发挥的价值和作用与企业一直孜孜以求的自动化和智能化诉求不谋而合。

智能化时代是对传统企业业务和技术的颠覆，它突破了原有业务的范畴，业务间的协同变得越来越紧密。同时，它也打破了技术之间的壁垒，使得技术间的融合变得越来越重要。于是，很多企业纷纷实施各种各样的智能化项目，比如采购云资源、建立数据服务中心、搭建业务中台、开发各种业务系统等，但是在各种智能化平台和系统建设好之后却发现，真正的实际业务问题没有得到根本解决，企业海量的数据还是没有发挥真正的价值，搭建的各种系统虽然从某种程度上解决了一部分问题，但是新的业务问题又随之暴露出来，正所谓计划赶不上变化。如果改变原有平台的设计或推倒重来，这对很多企业来说将是一笔巨大的成本负担，企业或将陷入骑虎难下的局面。这正是 RPA 大显身手的好机会，它能在企业数字化转型中发挥重要作用。

2.3.1 “非侵入”方式实现多系统联动，充分利用海量数据

RPA 采用一种“非侵入”的方式帮助企业快速实现业务流程的自动化，它可以联动多个系统，不需要改变原有系统或平台，它的开发周期短，即使业务由于一些内外不可控的原因发生了变更，也能在很短的时间内完成 RPA 应用的调整，确保业务开展的稳定性和连续性。同时，RPA 可以协助企业充分利用各种海量数据。RPA 如同一个勤奋的“搬运工”，可以在各个系统间传递数据，让数据流向业务人员想到达的地方，而不用担心这个系统是自己开发的还是第三方的。

2.3.2 辅助完成重复工作，解放人力

RPA 在帮助企业降本增效的同时能优化企业人才结构，越来越多的基础“搬运”工作可

以交由 RPA 来完成，而企业的业务人员可以投入高附加值、更有创造性的工作中，比如分析和决策、流程优化、业务创新等方面，就如同工业革命时代机器取代了手工业一样。但 RPA 机器人更多的是辅助人工完成一些单调的、高频重复的、枯燥的工作，而不是为了取代人工，更不是为了裁员，人的创造性才是企业长足发展的根本源泉。

任何技术都有使用边界，RPA 也不例外，它并不是万能的。作为“抓手”，RPA 能提高业务流程运行效率，降低运营成本，在一定程度上帮助企业提升效能，但是仅仅指望通过快速实施几个 RPA 项目就能完成企业数字化转型重任是不现实的。现在的企业管理层越来越务实，他们清晰地知道 RPA 的边界在哪，RPA 的价值究竟如何，因此越来越多的开拓型企业正在或准备上 RPA 项目。但是，正如前面所述，技术间的融合变得越来越重要，RPA 和 OCR 的结合、RPA 和 NLP 的结合、RPA 和数据中台的结合以及 RPA 和系统集成间的结合等可以诞生无限的想象空间。在笔者参与的大多数 RPA 实施项目中，多种技术的融合和集成占了大多数，这才是对企业真正有价值的地方。技术是为开展业务服务的，RPA 的实施也是为了解决实际的业务痛点。RPA 与其他技术一起落地实施，例如前面提到的智能财税中台的搭建，可以从根本上解决企业财务系统落后的现状。因此，在企业数字化转型实践过程中，RPA 和其他智能化产品在企业业务中各司其职，共同开拓创新，做出应有贡献。

2.4 本章小结

本章从企业信息化发展的历程出发，介绍了数字化转型过程中企业面临的各种困境和痛点，这些痛点是大多数企业都要面对的。但是，危与机并存，在全球智能化浪潮兴起的今天，技术的创新和应用能够帮助企业走出这些困境，为企业未来的发展带来意想不到的转机。其中，RPA 将扮演重要的角色，它不但能够帮助企业降本增效，而且通过与其他技术产品融合，可以从根本上解决企业数字化转型过程中遇到的各种问题，最大限度地提高企业信息化水平，为业务的开拓和创新带来真正的价值。

RPA 实施篇

第3章

企业开启 RPA 之旅

如今高重复性、劳动密集和低效率的人力投入是大多数企业想解决的头等管理大事，但仅依赖管理手段或传统 IT 开发模式来解决所能达到的效果甚微且成本巨大。因此 RPA 所具备的无缝集成、高扩展性以及能够确保投资回报率的特点成为企业应用 RPA 的首要动力。

面对全球业务需求量的激增，RPA 业务对象逐渐涵盖各行各业，不同行业的企业也在积极地探索，尝试开展以 RPA 或人工智能为基础的业务数字化转型。通过 RPA 的实施运行，快速推动企业业务的数字化变革，为企业持续地创造价值，提高工作质量、效率和用户体验度，使企业员工更专注于从事具有更高附加价值的数据分析、决策和创新工作，提高企业的市场竞争力。

RPA 在各个领域的广泛使用标志着它迎来了一个快速发展的时期，银行、保险、人力资源等行业都将 RPA 纳入未来的发展计划之一。未来，企业利用 RPA 等手段实现数字化转型是必然趋势，也是必然选择。那么企业该如何开始 RPA 之旅呢？本章将从企业的视角讲述采用 RPA 时应该考虑的问题和如何更好地利用 RPA。

3.1 采用 RPA 前的评估和诊断

一个新事物的引入必然需要考虑到方方面面，如是否贴合企业的需求，以及后续如何管理运营等。确保良好的投资回报率对于获得业务支持至关重要，它可以为下一阶段 RPA 在企业各部门的推广和实施提供足够的预算分配以实现流程自动化。采用 RPA 前应该进行以下 4 个方面的评估和判断。

3.1.1 选择开展 RPA 试点的部门

RPA 是一项基于自动化和人工智能技术的全新技术，其原理是利用应用元件分析、图像分析及流程引擎等技术，达到业务流程工作的自动化。RPA 技术得益于全年无休、更低廉的成本，以及几乎零出错率和跨平台、多系统进行工作的特点，它几乎适用于企业的所有工作流程。

适合选用 RPA 的业务要具备以下特点。

- 有固定的规则。
- 高重复性。
- 容错率低。
- 对速度有要求。
- 需要定时执行或由事件触发。
- 需要在不同应用和业务系统之间共享数据。

综上所述，一些高重复性、劳动密集与低效率的行政工作以及数据查询、收集和更新等相关的工作任务都适合选用 RPA 来执行。对具体的业务部门来说，其**业务流程应具有可规范化的特点**，并且能适应编程的流程规则。各个部门应该由专职的业务人员负责本部门的流程开发。企业可以设立一个项目小组，专门负责统筹 RPA 的各项事务。

3.1.2 选择开展 RPA 工作的业务流程

错误识别的流程只会产生低投资回报率，并且不会像业务预期的那样提高流程效率，甚至不能完成业务提出的指标。所以企业一定要做的是 RPA 实施前的预案调查。首先相关人员需要以一种更全面的方式重新思考企业的业务流程，其次应该深入学习 RPA 的功能与特点。RPA 作为一个新领域产品，前期投入成本并不算小，所以企业在部署 RPA 前必须先做好功课，一定要花费一些时间去了解 RPA 究竟适合应用到企业哪些领域、环节，并详细调研候选产品。在真正实施前大概梳理各个部门的各类业务流程，找到能实现自动化的地方。

3.1.3 业务或技术人员如何参与 RPA 建设

1. 业务人员

RPA 最大的优势是减少了代码的存在感，企业中的非 IT 人员也能编写他们想要的流程，RPA 像 Office 办公软件一样在业务人员间推行。分部门梳理业务流程，不同岗位的人员填写自己的工作日志，整合后由部门提出可实施自动化的流程，并划分给本部门人员实行专人负责制。业务人员前期梳理流程，准备立案文件，编写程序，后期配合运维部门管理程序。流程评估应从流程复杂度和效益上来看。流程复杂度应考虑流程涉及多少个应用程序和功能节点，比如打开网页、操作 SAP 系统、操作 Office 软件等。还应考虑自动化流程，比如目前是否有其他可替代方案，其中涉及多少个逻辑判断环节。

2. 技术人员

在 RPA 给业务工作带来巨大便利的同时，业务部门的新业务流程也在不断被梳理出来，上线机器人会越来越多。考虑到 RPA 工具的购买成本和人力维护成本，企业一般需要一个团队来审核业务部门提出的专案和维护上线专案。有 IT 团队的大企业可以让 IT 运维人员负责这项工作。前期审核工作多由人来判断，手动填写表格。由业务人员进行讲解和操作示范，审核人员审核流程逻辑，判断能否实现自动化。通过后还需提供业务流程图、评分表和流程源代码等。企业 RPA 步入正轨后，针对当前的人员耗用情况，可以自行开发一套评估工具，经各方考量后，从更多维度来审核。具体过程是：首先单击“开始”按钮，然后手动操作一遍业务流程，评估工具同步记录下流程步骤文档并给出相应的评分。企业可以以此作为流程审核的重要参考，同时节约审核和制作相关文档的人力成本。

3.1.4 RPA 带来的影响

1. 企业人员学习成本

在实施 RPA 之前，企业人员需要花费时间对所选择的 RPA 工具有基本的认识，了解 RPA 能做什么以及不能做什么。RPA 部署上线之后，企业人员需要学习如何使用 RPA，并且逐渐适应利用 RPA 来完成简单重复的工作。

2. 企业运营维护成本

如果 RPA 实施在那些经常变动的流程中，则需要开发人员或运维人员花费大量的时间和精力去部署与维护。这不仅增加人员的工作时间，而且耗用大量工时成本。

3. 利用不当而产生的风险

在涉及资金的业务流程上一定要进行严格的风险评估和把控，避免给企业带来资金安全上的问题。

3.2 部署 RPA 前应考虑的 4 个关键问题

新项目的推行在前期必定困难重重，如何在企业内部署 RPA 是管理层应该考虑的问题。一般而言，部署 RPA 前应考虑的关键问题有如下 4 个。

3.2.1 资金

资金是企业运作的根本，一个新管理项目的引入势必会产生费用。

在安装RPA前，企业应该探索怎样在最短的时间内进行最优的RPA系统设计，这里的关键要素就包括功能性、工作时间和解决方案、用户价格和质量。企业一般会考虑以下两方面的费用成本。

1. 使用外部指导

如果企业已有大量的旧系统，那么要考虑新方法在技术上是否需要外部的支持和指导。如果决定引入外部指导，则需要提前考虑通过外部指导能否给出高效的解决方案，是否有足够的成本来保证雇佣咨询服务公司做技术支持等。因此需要谨慎考量使用外部指导。

2. 购买机器人

是否购买机器人需仔细权衡。如果购买，肯定会产生大量成本。如果大型企业选择自己来开发RPA，不准备从机器人公司购买，那么也需要考虑整个实施团队的成本。比如，从头开始学习RPA，如果花费的人力和物力所带来的影响远远超出直接购买的成本，那么这也是得不偿失的。

3.2.2 人员

人员也是项目推行的必然要素。没有人员的支持，项目的推行将遇到重重阻力，运营和维护也将无法进行下去。

1. 工作任务及员工角色发生变化

企业文化是不可否认的，因为它几乎存在于所有企业中。RPA项目可能会在地位、信誉、竞争、人员和资源方面遇到障碍。应事先确定企业中的人员障碍，并制定规划来绕过这些障碍，特别是当整个自动化计划的实施有可能导致人员的角色发生变化时。

2. 对潜在的失业可能性产生的焦虑

RPA是一项颠覆性的技术，实施不当有可能会引起员工的焦虑和排斥。变革的挑战、对失业的担心以及媒体的报道都会对企业的自动化项目产生极大的阻碍，部署RPA前应该把缓解员工的焦虑作为一大因素考虑进去！

部分企业认为RPA已经或将在未来取代许多工作，但也有更多的企业认识到员工对工作替代的担忧。在减轻员工的恐惧方面，企业应当采取一些关键措施，比如宣导企业的RPA计划、加强员工交流、强调在日常重复性工作上节省时间的积极意义。

3.2.3 管理制度

项目实施的效果很大程度上取决于管理层的管理制度。让专业的人做专业的事，缺乏充分培训或技能不熟练的人员可能会使 RPA 实施项目失败，从而浪费人力和财力。管理方面应该考虑以下两个问题。

1. 人员架构

人员架构应包括业务流程挖掘专家、IT 安全和基础架构专家以及实施人员等。实施团队的这种结构和组织将有助于明确相关个人责任，并实现充分的沟通。专业的 RPA 实施团队必须具备业务自动化流程和开发自动化程序所需的技能，项目初期的环境搭建、业务流程的准确把握、自动化程序的开发技术就是实施团队的检验标准。

2. 风险评估

任何项目都应有风险评估环节，确保其效益性和可实现性。比如，当机器人第一次运行失败后，因为不确定运行到哪一步，所以在运维人员紧接着运行的过程中多次入账，或者产生涉及财务资金的问题。这些都是前期业务人员和运维人员之间沟通错位导致的，或者说是管理制度的问题。由此可见，部署 RPA 前进行风险评估极为重要。

3.2.4 对企业外部资源的合理运用

最后一个维度是企业外部资源的合理运用。类似于木桶原理，任何一个组织都可能面临的一个共同问题是，构成组织的各个部分往往是优劣不齐的，而劣势部分往往决定整个组织的水平的下限。因此，当自身资源不具备优势时，我们应该考虑从其他方面补足。

为了提高员工工作效率、业务流程运营速度和综合竞争力，企业该如何选择外部 RPA 平台呢？企业应该从以下 6 点进行考虑，如图 3-1 所示。

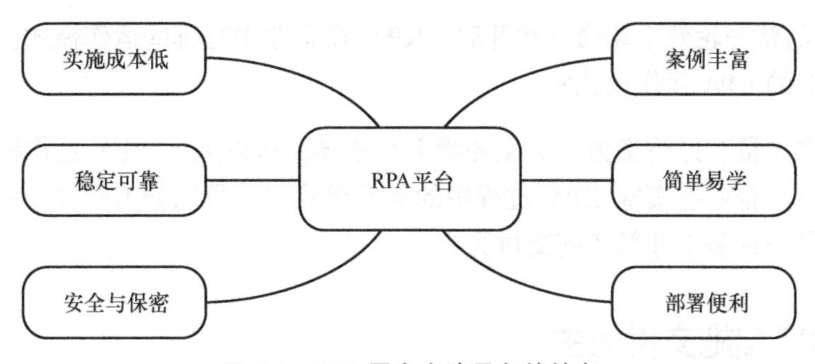

图 3-1 RPA 平台应该具备的特点

1. 实施成本低

不管是内部部署还是外部购买，企业都应选择提供配套设施或服务的 RPA 厂商，减少数据迁移及信息转换的成本。

2. 稳定可靠

寻找具备自带监控和分析平台的工具，规范管理大量流程机器人，确保流程稳定运行的同时，也便于出现异常时的维护处理。

3. 安全与保密

企业可能会因为匆忙地实现 RPA 流程自动化而忽略了一些问题，以致对数据、信息的安全性缺乏足够的重视。任何涉及企业信息的系统上线前都应经过严格的审核评估，避免导致企业机密泄露。

4. 案例丰富

寻找专注于企业级 RPA 的厂商。通过之前的实施经验，他们对企业所在行业的了解越多，后期企业团队与 RPA 厂商的沟通成本就会越低。

5. 简单易学

企业应该寻找简单易学的 RPA 产品，便于业务人员接受学习，由他们来构建和使用 RPA 处理工作。

6. 部署便利

企业希望能在短时间内开发测试并部署上线新的流程机器人，并且后期利于维护。

3.3 确立最佳运作模式

RPA 赋能的新一轮效率革命已然开启。RPA 在企业中有哪些运作模式？企业又该如何选择适合本企业的 RPA 运作模式呢？

因为企业在体量、经济实力、文化环境上有差异，所以关于 RPA 运作模式，不同企业会有不同侧重点。企业在实施 RPA 过程中的运作模式主要可以分为两种：一种是以内部实施交付为主；另一种是以外部实施交付为主。

3.3.1 以内部实施交付为主

通过自定义流程与企业内部其他系统配合使用完成 RPA 的内部实施交付。大型企业可根据业务需求进行定制，业务处理量越大、类型越多，部署 RPA 的效果就越明显。

那么企业内部如何实施和管理呢？

1．确定自上而下的组织形式

集团层面应该有总的决策人，各分公司设立项目经理，负责统筹本公司的 RPA 事宜，包括对外沟通和内部协调。RPA 机器人的前期流程挖掘和编程，以及后期程序优化、维护等工作由各个业务部门负责，可以选出一到两个人来专职或全职进行。由业务人员来编写程序的好处就在于没人比他更了解自己业务部门的工作，这样既能解决实际问题，又能减少很多不必要的沟通成本。

2．明确人员分工，建立运维团队

RPA 机器人从开发到投入运行环境，变更和运维的管理极其重要。不管从哪个层面看，将这些重要工作交给 IT 运维团队都是最好的选择，因为运维团队本身就有着大型集成系统的运维经验。如果企业有 IT 团队，就可以避免重新组建团队带来的各类成本支出。IT 运维人员应该负责前期的业务流程审核、环境搭建，以及后期的程序测试、平台管理等。

3．梳理业务逻辑，进行流程审核

业务流程审核也就是在梳理出工作日志后，针对业务部门提出的可以实现 RPA 的工作流程进行审核，从 IT 人员的角度梳理逻辑，并在多个维度制定审核标准。业务流程审核通过后，项目就会正式列为一个 RPA 专案，由业务人员编写。程序编写完成后，IT 人员还需要在正式环境里进行测试，根据正式环境进行优化修改。公司每年会制定 ROI 指标，项目经理需要提出实施计划和相应举措，协调公司各个部门完成年度指标。

3.3.2 以外部实施交付为主

中小型企业与大型企业不同，由于成本、需求和行业分散等原因，它们难以发展。因此如果想在中小企业大规模普及 RPA，还必须在价格、项目方案、生态等方面着重考量。

1．价格透明化

企业若想实施 RPA，应先对不同 RPA 产品进行调研，考虑各方面的成本问题，对比价格，衡量实施 RPA 的必要性。

2．项目方案轻量化

目前 RPA 市场绝大多数项目流程属于私有化部署、定制化开发。伴随着“云、联”给企业带来的便捷与低成本，一些厂商已经逐步开发出针对客户的分层分级、RPA 轻量化发展的思路。因此中小型企业可以考虑使用轻量化的 RPA 产品来实施项目方案。

3．构建开发生态

构建开发生态可以让更多的中小企业从 RPA 中受益。在良好的开发生态系统下，由开发者实施业务，能够发挥其专长以确保客户为更低成本的实施方案买单。

大型企业以内部实施交付为主开启 RPA 之旅，中小型企业以易实施的外部实施交付为起点。从流程生命周期来看，任何管理模式都不是一成不变的。结合两者，建议最佳的运作模式是 RPA 试点工作由独立软件开发商（Independent Software Vendor，ISV）来实施交付，针对后续的 RPA 大规模开发和持续升级，建议采用内部业务部门和技术部门配合的方式来完成。这样一方面实现了 RPA 实施过程中的知识转移，另一方面有利于 RPA 在企业内部大面积推广。

3.4 规划未来的发展路径

当 RPA 在企业内部推行一段时间后，业务人员已经具备了基本的程序编写能力，公司内部已经有了初步行之有效的组织运行方案，这时候我们就进入了 RPA 2.0 时代。以前的目标只是将 RPA 用起来，现在的目标是朝着用得好前进。

3.4.1 对业务模块的复用

企业实施大量 RPA 方案后，为了提高实施效率，可以总结提炼出可复用的业务模块，如环境初始化、登录系统、数据的循环遍历等。企业在部署 RPA 时，应确定最有可能产生积极影响的业务流程，总结其中的重复模块，将 RPA 机器人编程规范化和模组化，将常用的流程列入模组库，业务人员只需根据需求适当调整即可。实施 RPA 的驱动因素是企业希望通过自动化降低手动和容易出错的工作的风险，通过大规模简化和自动化流程提高效率，同时员工也可以从使用过程中总结经验，更好地利用工具，解放自己的脑力去做更有价值的事情。

3.4.2 制定标准的运维流程

首先，RPA 能顺利执行离不开项目人员的通力配合。企业 RPA 管理团队统筹各项事宜，它既要引领好团队的发展方向，又要协调好企业内各个部门间的工作。

其次，需要注意的是，RPA 虽然减少了业务人员重复性高的工作，但相应产生的一些新的工作内容也会增加员工的工作时间，比如业务人员开发程序的时间、编写各类规范化文档占用的时间、IT 运维人员的维护时间等。随着越来越多的 RPA 专案上线，如何管理 RPA 专案变成最大的问题。

最后，看板化管理和数据分析成为 RPA 管理效能提升的重中之重。从管理层角度来说，需要看到 RPA 带来的运行效率和效益对比等各种数据分析结果。前期上线机器人较少的情况下，IT 运维人员可以只关注 RPA 程序本身的问题，但后期为了更好地管理，对各类指标的关注是必不可少的。这时候运维人员的工作内容就会增加，而且人为处理存在错误或误差的可能。

因此，制定一套标准的运维流程是很有必要的。例如，若业务人员提出程序运维需求，应填写提交 IT 服务请求单据，经由主管签核后给到 IT 运维，运维人员解决问题后签核单据，一个完整的运维流程结束。同时，建立问题数据库，记录运维人员平时处理的 RPA 问题，提升企业效能。

3.4.3 业务流程优化和再造

正如前面谈到的，一些流程会让 RPA 的价值实现扩大化。但每个企业的 RPA 进展状况不同，未来的发展计划应当结合本企业的具体情况而定。由于 RPA 基于企业现有业务流程进行部署，因此实施人员需要从企业整体业务流程优化层面进行思考，优化现有业务流程，比如结合其他数据智能产品或技术设计端到端的流程优化，甚至是流程再造。

3.4.4 卓越中心的搭建

从企业组织架构角度来看，根据企业所处行业、管理制度和业务特点等，现行的机器人卓越中心（Center of Excellence，CoE）大致分为以下 3 种组织结构模型。

1. 分散式 RPA 卓越中心

分散式 RPA 卓越中心分散在组织的不同业务部门，通过 RPA 帮助员工完成业务目标，同时通过员工来完成业务等的创新。但这种组织结构相对松散，由于缺乏集中管控，很难协同 IT 组织进行扩展联络。

2. 集中式 RPA 卓越中心

集中式 RPA 卓越中心对组织内的所有业务部门所需的 RPA 功能与资源进行统一管理，使得 RPA 资源能够在整体上进行协调分配，避免资源浪费和人员冗余。也正是基于集中式的组织结构，中央管理还能为 RPA 项目的评估、交付、监视和维护提供标准化流程及法规支持，使得 RPA 能在组织内得到最大力度的推进。当然，不足之处是投入也会随之变大，灵活性欠佳，这也会导致 RPA 无法快速应用。

3. 混合结构 RPA 卓越中心

目前，多数企业单独采用某一种卓越中心的并不多，更多的是使用分散式与集中式的混合组织结构。一个完善而成熟的 RPA 卓越中心应该既能处理分散的业务部门需求，又具备集中式的运营模式。

随着 RPA 项目实施过程中所暴露出的技术上和运营管理上的问题，企业结合自身管理要求、部门能力水平，找到适合本企业的 CoE 组织架构。其中 RPA 可以提升业务之间的协调性、提高流程的自动化程度、弥补现有业务系统的缺陷，以及通过大量短、平、快的措施快速推进 CoE 建设，缩短建设周期、降低成本等。

3.5 本章小结

企业开始 RPA 之前要进行评估判断，开展 RPA 工作的业务流程、分配技术和业务人员、选择试点部门。在 RPA 开发和部署过程中，企业通过把握好各个阶段的关键要素，比如资金、人员管理制度和对企业外部有资源的合理运用，这样可以节省大量成本和时间。需要强调的是，在 RPA 实施过程中尤为重要的是对业务需求的理解程度、对业务流程的熟悉程度以及对实际情况的判断分析。只有紧密结合业务和确保各个关键要素，确立最佳的运作模式，才能打造一个稳定、安全且灵活的机器人。

目前对中国大多数企业来说，RPA 还是比较陌生的自动化工具。参差不齐的信息化基础、不同部门之间的数据孤岛、理念与利益的冲突等因素，都会使 RPA 的战略化应用受阻。但我国作为世界重要经济体，企业数量庞大，对 RPA 厂商来说，具有很大的市场潜力，同时国内的 RPA 厂商也在强势崛起。对企业来说，RPA 带来的是看得见的效率和生产力的提高。在现在的基础上，规划未来的发展路径。未来，我国的 RPA 市场将呈现井喷式增长态势。

RPA 未来已来。

第 4 章

RPA 售前咨询

售前咨询的主要目的是协助客户做好系统规划和需求分析，使产品能够最大限度地满足用户需要。RPA 售前咨询主要包括 4 部分——商务洽谈、产品选型、POC 测试以及招投标。

4.1 商务洽谈

商务洽谈在商业活动中是必不可少的，有利于了解客户的需求，更快地促成交易。商务洽谈的过程可以分为 3 个阶段——前期准备阶段、协商阶段和结果阶段，如图 4-1 所示，通过这 3 个阶段进行洽谈前的分析、洽谈的实施以及洽谈后的处理。与客户洽谈 RPA 项目的主要目的是帮助客户了解 RPA 的作用，知晓客户业务的难点和痛点，最后通过 RPA 流程自动化的实施提高客户的工作效率，降低人工成本，实现共赢。

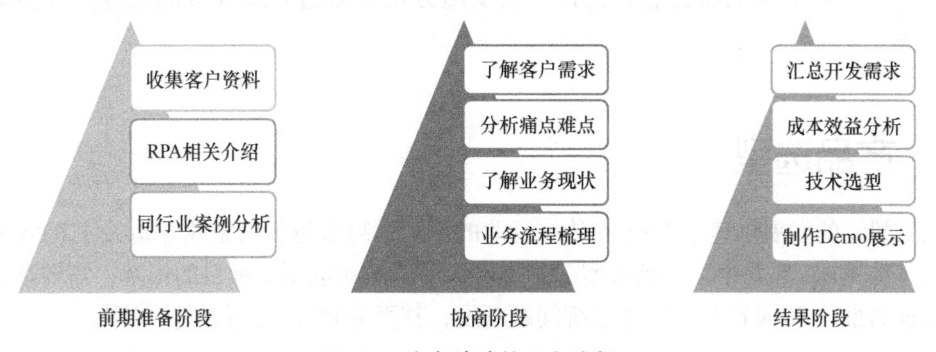

图 4-1　商务洽谈的 3 个阶段

商务洽谈的前期准备阶段。首先，作为实施方应当收集客户的相关资料、行业信息，明确洽谈项目和利益，帮助客户做好洽谈前的准备工作，以便在洽谈中帮助客户理解洽谈的问题以及主要项目等。其次，根据收集的客户信息准备 RPA 及客户行业相关的材料，包括 RPA 相关的介绍、其他辅助技术（例如 OCR、NLP 等）的介绍，以及公司已有的同行业成功案例或者有相同业务流程的成功案例等。将这些材料在商务洽谈的前期准备阶段交予客户，辅助客户理解 RPA 的作用。通过查看同行业的成功案例，有利于客户了解自己实施的实力；通过梳理同行业的案例，可以帮助客户判断是否有相同的流程可以优化，从而拓宽客户思路。这些材料可以帮助客户理顺可能遗忘或者不清楚的区域，提高沟通效率，拓展公司业务，使客户快速理解 RPA 的作用和实施方法，降低沟通成本。

商务洽谈的协商阶段。主要与客户沟通交流一些关键性的问题。首先，需要了解客户的需求，包括客户希望在什么业务上运用 RPA，该业务目前存在的问题、痛点和难点。这有利于实施方快速定位问题，研究同种问题的实施经验或者优化方法，以便尽快抓住问题的关键，为客户提供最快速的支持，帮助客户迅速理解 RPA 的作用。其次，需要向客户了解现有业务的状况和主要流程，以及人力安排和消耗情况等，梳理业务状况便于后期进行可行性分析与效率测试，尽最大可能优化客户业务，提高效率，降低人力成本。最后，将流程挖掘文档交付客户，收集业务相关的数据，包括业务具体的流程、业务中所使用的数据等，为后期做产品选型以及 POC 测试打下基础。

商务洽谈的结果阶段。首先，汇总收集的客户资料，并进行内部讨论。对收集的客户流程进行可行性分析，由开发人员进行判断，确定哪些流程可以使用 RPA 解决以及涉及的技术。其次，对初步达成的协定进行效率分析，分析实施后预计为客户节省的人力成本、需要支付的部署成本，选取收益最优的流程进行优化，为客户提供更好的建议或者解决方案。同时还应当考虑流程中存在的问题，与客户沟通与对接不明确的地方。梳理清楚流程后，可以依据客户提供的流程制作简易 Demo，因为直观清晰的展示便于客户直观体验 RPA 的用途。如果双方达成初步合作意向，接下来就部署费用、开发费用、后期维护费用等进行商谈。待一切达成一致意见后签订合作协议，由实施方正式派遣开发人员前往客户处实地进行 RPA 开发。

4.2 产品选型

人工智能的发展加速了 RPA 在传统行业的落地，越来越多的企业开始关注 RPA 的实施及应用。在 RPA 部署中，产品选型起着重要作用。产品选型是项目的根基，需要选择适合客户需求的最佳 RPA 产品，防止系统问题频发，甚至导致项目迭代举步维艰。

产品选型的因素包括如下 4 个。

1. RPA 厂商的资质

实施方是 RPA 成功部署的重要因素，应选择规模和行业与企业相似的厂商，从实际业务情况入手来部署 RPA。在考虑 RPA 厂商资质时，要对厂商进行综合分析，包括企业背景、企业规模、市场份额、人员组成、产品功能与需求的契合度、资质专利、案例对比等。

2. 产品技术选型

企业在进行产品技术选型时应考虑到可操作性和适用性，这就要求 RPA 产品必须简单、易学易用和适用于企业业务的实际需要。成熟的 RPA 产品在向企业保证安全性、可扩展性和可用性的同时，还具有简单、高效、成本低、回收期短的特性。一款成功的 RPA 机器人一般包含这些特征：简洁直观的流程设计界面，内置流程排错工具，拥有卓越的人工智能技术（如机器学习、OCR、NLP 等）。通过编好的操作流程步骤自动操作整个业务流程，运行在更高的软件层级，保证在不入侵原有的软件系统下提升企业效能。与人工或采用传统的模式开发软件相比，RPA 能最大限度地平衡效率与成本。目前主流 RPA 厂商皆提供有人值守机器人、无人值守机器人和服务型机器人 3 种类型，可根据企业的实际需要进行选择。

3. 交付体系

RPA 工具可运行后，就要保证必须可交接。在这一过程中，需要配套地编写开发设计文档，开发代码必须规范，变量定义必须规范且有文档说明，要与业务流程进行核对，遇到问题及时沟通，确保项目成功交付。当项目试运行成功验收后，就要交付上线。交付的方式分为自交付和伙伴交付。交付时，除项目上线以外，还需要注意交付的多方人员，包括各种业务部分、数据中心、开发中心等，明确分工和对接内容，避免项目过程混乱，例如，当我方是平台部署人员，对接方是系统中心时，需要协助申请测试环境和硬件资源；对接方是开发中心时，需要对接 RPA 平台架构的确定、评审和改造。

4. 售后维护体系

后期团队的维护对 RPA 部署的成功起着至关重要的作用。一个优秀的维护团队，小则可以对 RPA 进行环境检测、自动化流程排错，大则可以临危受命，解决 RPA 产品选型引入的线上故障，以及帮助建立 RPA 技术培训中心。因此，在进行 RPA 产品选型时，要考虑如下 3 点。

- 是否有维护团队，团队是否稳定。
- 维护团队的技术能力与合作意愿。
- 维护团队与自身团队关系是否密切。

4.3 POC 测试

概念验证（Proof of Concept，POC）测试是业界流行的针对客户具体应用的验证性测试，根据用户对采用 RPA 提出的性能要求和扩展需求的指标，在选用服务器上模拟用户真实的业务场景，进行真实数据的运行，对承载用户数据量和运行时间进行实际测算，并根据用户未来业务扩展的需求加大数据量以验证 RPA 系统的承载能力和性能变化。

4.3.1 为什么要进行 POC 测试

其实进行 POC 测试是为了更好地部署 RPA。POC 测试也是企业能否成功部署 RPA 的关键所在，特别是在应用系统技术选型阶段。一些大型企业的业务流程比较复杂，并非单一的功能性演示就能覆盖现实的业务，这时候需要事先划定一个小范围的实验对象（但是业务逻辑的复杂性要有典型性和代表性），通过小范围的项目导入与实施，从真实业务的实践到战略意图的实现，来验证 RPA 系统方案是否能满足用户的需求，从而做出更客观、更准确的判断。

POC 测试通常发生在还没有部署 RPA 的企业。这些企业期望根据业务需求或未来的发展布局来部署 RPA，降本增效，达到大量减少人工无谓的耗时，提高工作效率，把更多的时间留给精细化管理和创新的效果。那么 POC 测试显得尤为重要，企业通过前期 POC 测试达到预期要求，这将大大增加进一步推进 RPA 部署工作的可能性。

4.3.2 POC 测试的形式

POC 测试一般涉及两种形式。接下来分别介绍。

1. 对选定产品直接进行 POC 测试

如果客户已经认定了某种产品，就直接选择这款产品进行 POC 测试。这种情况下的 POC 测试较为省事，客户能够配合 RPA 实施方的要求，快速整理出业务流程、业务需求以及业务处理过程中的难点。

2. 通过 POC 测试对比产品

通过对比选出最适合的产品。此种情况相对复杂。客户不知道怎样去做相关的需求整理，这就要求 RPA 实施方亲自进行调研。一种较为理想的方式是，重现业务流程，并录制视频，再配以语音讲解。

4.3.3 如何进行 POC 测试

POC 测试从简单、易操作的业务流程开始，通常会选择 1 ~ 3 个业务流程进行测试，时间为 1 ~ 2 周。特殊情况下，测试时间可能会减少或增加。不同企业需要根据自身业务的实际情况合理安排测试流程，以控制时间。测试时可以多个业务流程同步进行，这将有利于用户看到 RPA 对不同的业务流程的收益效果。测试阶段可以分为以下 4 个部分。

- 应用范围。应当提前计划好 RPA 的应用范围，是只覆盖部分业务（如财务、人力资源），还是扩展到其他所有业务。应挑选那些有固定规则、逻辑性强，不需要人工参与，又有大量高度重复的场景进行 POC 测试。这样便于客户快速看到成果，由点及面能快速扩展。如果是跨国集团，要考虑是全球范围内应用还是部分地区应用。RPA 的应用范围是一个需要仔细考虑的问题。
- 商业计划。这一项由应用范围和人才培养决定。在确保业务平稳推进的情况下，保持充足的资金支持。制定方案，通过投资回报率分析，挑选最优选择，确保提升实现业务流程现代化的可能性，从而使企业能够在 RPA 部署后获得最大价值。
- 运营模式。需要再次评估组织内部业务所需的 RPA 机器人，根据实际运营情况来部署建设阶段和运营阶段。还必须考虑 RPA 部署后的可维护性，这是重要测试指标之一。RPA 部署必须具备较强的可维护性，RPA 操作脚本必须具备参数化调整的能力，同时还必须提供模块化组件，确保在系统调整时能够快速响应，易于维护。
- 随时保持计划变更。往往很多实施计划部署得很周密，但是实施时会遇到各种预想不到的变化，因此管理者要时刻保持计划随时变更的心态。同时，慎重考虑供应商是否有合理丰富的安全机制可以保证 RPA 部署后的系统安全性。

当然，因为 POC 测试工作的企业不同、业务复杂度不同、测试的方式和投入的力度不一样，所以实际操作过程中会产生一定的差异。但是最终目的是相同的——验证产品或供应商能力是否真实满足企业需求。

4.4 招投标

招标是指招标人规定时间、地点，然后发出招标公告或招标单，提出准备买进商品的品种、数量、服务和有关交易条件，邀请卖方投标的行为。

投标是指投标人应招标人的邀请，根据招标公告或招标单的规定条件在规定时间内向招标人递盘的行为。

招投标是招标、投标的合称。招投标的一般过程是，首先招标单位发布招标信息，多个投标单位参与投标，其次招标单位从投标单位中根据工期、质量、信誉、总体投资回报率等因素择优选取，最后招标单位与投标单位订立合同。

实际上招标、投标是一种贸易方式的两个方面。企业也可以通过直接提报价请求（Request For Quotation，RFQ）进行定型式询价采购。

4.4.1 为什么要进行招投标

招投标过程就像是合同拟定的过程。对政府采购以及央企集采，相关招标流程不可避免。招标需要做招标参数，以便于评审专家有参照物进行评分。

招投标的特点是交易标的物和交易条件的公开性与事先约定性。这是事先公布“游戏规则”的、有组织的、规范的交易行为。因此，对需要将采购信息做公示的单位来说，招投标是常见选择。

4.4.2 招投标基本流程及注意点

招投标流程主要可以分为招标、投标、开标、评标、定标及订立合同等阶段。基本流程如下。

（1）招标人办理项目审批或备案手续（如果需要）。项目审批或备案后，招标人开始项目实施。

（2）招标工作启动。招标人可以委托招标代理机构进行招标，也可以自行招标（但备案程序较为烦琐），多数为招标公司承担招标工作。

（3）招标公司协助招标人进行招标策划，即确定招标进度计划、采购时间、采购技术要求、主要合同条款、投标人资格、采购质量要求等。

（4）招标公司在招标人配合下，根据招标策划编制招标文件（包括上述策划内容和招标公告）。

（5）招标人确认后，招标公司发出招标公告或投标邀请。投标人看到公告或收到邀请后前往招标公司购买招标文件。

（6）获得招标文件后，投标人应研究招标文件和准备投标文件。其间，如有相关问题可与招标公司进行招标文件澄清，必要时招标公司将组织招标项目答疑会，并根据答疑或澄清内容，对全部投标人发布补充文件，作为招标文件的必要组成和修改。

（7）招标公司在开标前组建评标委员会，评标委员会负责评标。评委会组成和评标须符合《评标委员会和评标方法暂行规定》。

（8）招标公司组织招标人、投标人在招标文件规定的时间进行开标。

开标流程：招标公司委派的主持人宣布开标纪律→确认和宣读投标情况→宣布招标方有关人员情况→检查投标文件密封情况→唱标→完成开标记录并各方签字→开标结束。

（9）评委会对投标文件进行初步评审、详细评审和澄清（如有必要），确定中标候选人。

（10）招标公司根据评委会意见出具评标报告，招标人根据评标报告，在中标候选人之间确定最终中标人。

（11）招标公司根据评标报告发出中标、落标通知书。

（12）中标人根据中标通知书，在规定时间内与招标人签订合同。

其实，RPA 招投标方式方法和一般项目招投标并无本质区别，但是目前市场上的 RPA 产品及 RPA 厂商众多，所以在 RPA 项目招投标过程中，我们需要根据招标文件中的要求，突出自身的产品优势（包括 AI 能力）、健全的服务及售后支持体系、完善的文档、培训体系等。标书就是投标人对招标文件做出实质性响应，所以在研究透彻招标文件之后，我们要规避招标文件中的陷阱和风险，仔细分析文件内的要点，针对所有评分标准认真做好应答。当然，除撰写标书以外，还要特别注意如下事项。

- 要满足招标文件中要求的投标人资格条件，否则即使投上了标也是废标。
- 要把满足招标要求的附件材料搜集齐全并装订在投标文件中，否则也难以中标。
- 认真阅读评标办法，针对评标办法做好报价研究，确定采取的报价策略。
- 装订、密封都要符合招标文件的要求（如使用透明胶密封标书是错误的）。
- 递交投标文件不要迟到，迟到将被拒收。

4.5 本章小结

本章主要从 RPA 商务洽谈、产品选型、POC 测试以及招投标 4 部分对 RPA 售前咨询进行介绍。RPA 售前咨询为供应商了解客户的需求和客户判断供应商是否有能力提供想要的服务提供了保障。

第 5 章

业务流程挖掘

业务流程挖掘是 RPA 项目开发的重要步骤，通过细化分析业务流程的各个步骤及各种可能情况，评估各流程的业务特性，进而选择适合实施 RPA 的业务流程。

5.1 什么是业务流程

业务流程是为达到特定的价值目标而由不同的人分别完成的一系列活动。活动之间不但有严格的先后顺序限定（这体现了层次性），而且活动的内容、方式、责任等也都有明确的安排和界定，使得不同活动在不同岗位角色之间进行转手与交接成为可能。换句话说，业务流程体现出一件工作“先做什么，后做什么，由谁来做”的关系。流程为业务提供了标准化的程序，明确了每个节点的负责人，确保业务有序、顺利执行。

业务流程是线性的有秩序流动，是完成一项工作的先后操作标准程序。每个业务流程主要包括以下六大要素。

- 流程发起目的：确定发起这个业务流程的目的是什么。
- 业务输入：该流程发起的是什么业务。
- 流程实施计划：实现业务目标所采用的方法，要经过哪些工作流向。
- 参与流程的主体：参与流程的人员。
- 业务输出：流程实施后产生什么结果。
- 流程创造的价值：该流程是否能够达成业务目标，是否为企业带来效益。

企业通过业务流程来协调各种资源，从而优化业务流程、提高企业的效率、规范员工的工作秩序等。

5.2 业务流程的特点

业务流程的特点包括层次性和以人为本，接下来分别介绍。

5.2.1 层次性

业务流程总体呈自上而下、由整体到局部的层次性，这样的层次性有利于企业业务模型的建立。梳理业务流程后，首先要站在顶层的角度设计主要业务流程的总体运行流程，它很大程度上影响了企业流程的走向；然后对流程中的每项活动进行细化，落实到各个部门细小的业务中。同时，建立的自流程要具有相对独立性，在发生错误的同时不影响整个流程的走向。

业务流程之间的层次关系反映了企业部门之间的层次关系。企业自上而下，有不同的层级和部门，包括治理层、管理层、使用者等，不同的层级对应的业务流程权限也不同，更上层级的管理者有更高的权限查看下属和下属部门的业务流程，越低层级的使用者权限越低。

5.2.2 以人为本

业务流程体现人的作用。不同的人员在企业中扮演不同的角色，根据角色分工，他们在企业中执行不同的工作任务，这些日常的操作任务就构成了他们的工作流程。在一个良好的工作流程中，每个人都有自己特定的、清晰的职责和权利，他们驱动流程的发展，但这也要求员工具有良好的沟通和团队协作能力，明确自己在业务流程中担当的角色，及时反馈自己参与的业务流程。

一方面，不同的人员有各自的权利查看和监督对应的业务流程，他们要全面理解业务流程的细节、意义和目的，让流程与自己的业务一一对应，这些业务流程要以他们理解的方式进行展现。另一方面，对于流程运行中遇到的问题，每个人员都应及时反映，提出修改意见或在权限允许的范围内进行修改。业务流程的管理和变动是参与这个流程的所有员工的职责，上级管理层和决策层更多的是制定业务流程的总体方向、规则和业务授权，在规则和授权范围内，员工可以视情况对业务流程进行反馈和修改，及时处理，把握机会。

5.3 如何梳理业务流程

5.3.1 选择合适的部门和流程

为了顺利实施 RPA，并最大限度地发挥其影响力和价值，企业或组织一定要选择合适的部门或者流程使用 RPA 进行优化。为此，企业应该针对自身需求进行详细梳理，同时评估现有业务流程。以目标需求为导向，对企业业务流程进行梳理，评估各流程的业务特性，进而选择适合实施 RPA 的业务流程。具体可以从以下 5 个方面进行评估。

1．体量和规模

RPA 机器人可替代部分人工，适合处理企业体量和规模较大的业务，能最大限度地节约人力资源，释放更多的劳动力。如果体量太小，则回报率不高。

2．劳动密度和劳动重复性

流程中需要人工处理的部分占比越大，就意味着劳动重复性越高、差错率越大，使用 RPA 所能带来的回报率就越高，部署难度也会越低。

3．流程是否贯通异构系统

RPA 机器人可分别登录多个系统自动执行任务，无需对有数据交互需求的多个系统进行改造和开发。因此，在企业异构系统之间对接存在困难的前提下，可考虑使用 RPA 机器人，不会改变企业原有的信息系统架构。

4．风险和用户协同

与流程相关的风险级别越高，越需要人为控制，RPA 机器人可能不适用。如果人工参与是提高用户体验的必要条件，或者人工在流程中是必不可少的业务，那么可能需要通过断点的方式人机协作才能实施自动化。

5．战略重要性

战略重要性较低的流程通常是事务特征较明显的流程，这种流程往往适合于自动化。流程的战略重要性越高，意味着该流程越依赖于人为判断，如企业愿景规划、战略制定和外部关系管理等，这类业务并不适用于 RPA 机器人。

5.3.2 业务流程挖掘列表

为了确保 RPA 项目交付能够为客户提供最好的产品体验和实施服务，同时也为了保证在 RPA 实施交付过程中能够避免由于客户业务流程挖掘不清楚、不规范导致的应用开发问题，需要先编写业务流程挖掘列表。编写的要求如下。

1．流程名称唯一

一个客户可能需要开发多个 RPA 流程，每个流程需要有一个明确的名称，流程名称不能重复，尽量使用业务名称给流程进行命名。

2. 流程基本情况介绍

客户需要在业务流程挖掘列表里填写详细的流程基本信息，以确保 RPA 交付人员能够明白目前流程在做什么、有关流程的一些人力和物力的投入以及流程需要涉及的系统环境信息。客户需要详细填写业务流程梳理列表中的信息，并且得到 RPA 交付人员的确认。

3. 客户系统最近是否有升级计划

如果客户的系统最近有升级计划，那么需要和客户确认系统升级是否会对 RPA 项目产生影响，然后判断该流程目前是否适合引入 RPA 实现流程自动化。

4. 初次判断流程是否可行

在客户编写好业务流程挖掘列表后，需要基于业务逻辑对流程的可行性进行判断，而 RPA 交付团队需要从技术层面或逻辑上对流程是否可行进行判断，最终的判断要等到编写完业务流程挖掘文档之后。

5.3.3 编写业务流程挖掘文档

编写业务流程挖掘文档的步骤如下。

（1）收集并整理客户发来的所有有关流程的资料，包括所使用的各种 Word 文档、Excel 文件、视频/音频、PPT 文件、简要介绍等。

（2）详细了解客户的业务流程信息，包含但不仅限于以下内容：涉及的业务场景、每月的人力投入、每月的业务重复量、流程图、流程步骤详细说明、流程所在的部门、所涉及的业务数据量、使用的系统环境、与上下游流程的关联性、流程的起止点，以及术语解释等。

（3）初步画出流程图，然后与客户业务人员进行交流讨论并确认流程图的准确性和完整性。

（4）按照业务流程挖掘模板文档，写出每个步骤对应的详细步骤，并配上相应的截屏文件（做好截屏文件的标注，同时核对需要多个截屏文件的步骤，确保截屏文件的连贯性），然后和客户再次确认流程的合理性、准确性和完整性。

（5）和客户最后确认一遍流程图是否有问题，如果没有问题，就请客户相关部门负责人审核并签字确认。在绘制流程图和编写详细步骤描述的过程中，客户需要与实施团队保持联系，有任何疑问和困惑要及时解决，以确保所编写的业务流程挖掘文档能真实反映客户现有的流程情况，以及能够为后续的技术开发提供可靠的流程细节。

5.3.4 评估业务流程复杂度

当客户完成业务流程挖掘列表和业务流程挖掘文档后，就需要实施方来评估业务流程的复杂度，分解需求，建立需求跟踪矩阵，便于后期的开发安排。

业务流程的运行过程伴随着大量的业务数据。评估一个业务流程的复杂度，首先要考虑该流程需求涉及的数据量大小、数据的审核、出错回退、数据同步等因素。这些因素可能直接影响程序的架构设计模式。其次是程序的测试和迁移，很多业务都需要把原有系统中的数据完整地迁移到新系统中，尤其对于数据量大的系统，需要开发很多程序和脚本，并进行充分的测试和模拟，才能实现正确和及时的数据迁移。很多原有系统还存在较多的错误数据，对该部分数据的清理也是需要投入很大工作量的工作。最后便是测试最终程序运行的稳定性，要注意流程运行过程中常见异常点并记忆关键节点的失误率，多次测试、不断调整，直至稳定。

5.3.5 成本效益分析

ROI 指企业投入资金的回报程度。标准的简化 ROI 公式为：ROI=收益/投资×100%。在 RPA 投资中，收益主要表现在成本降低和收入增长两方面，因此可以将公式变为：

$$\mathrm{ROI}=\frac{\text{成本降低}+\text{收入增长}}{\text{总成本}}\times 100\%$$

如果想要获得显著的经济效益和商业优势，企业在部署 RPA 时，很重要的一项工作就是要控制总成本。业务规模越大，能替代的人工越多，就越能实现高 ROI。主要是将替代人工所节约的费用与部署 RPA 所付出的成本相比较。需要提前制作预算，项目实施过程中总会出现变数，预算也会因此超支。由于存在某些隐性成本，可能导致项目 ROI 无法达到预期，从而对企业的利益造成影响，这也是我们需要避免的。所以在实施 RPA 项目时，需要提前做好充分准备，保障预算和计划有效执行，这将直接影响到项目的 ROI 和企业转型升级的成果。

5.4 业务流程挖掘注意点

业务流程挖掘是指对企业的某项业务流程从始点到终点，厘清发生在实际业务中的步骤节点、执行的部门与岗位、流转的文件及记录表单、风险可能产生的环节、存在的控制、对该业务起到规范性要求的文件及规章制度等，形成一整套固定化的业务流程体系。同时，清楚明晰的业务流程有助于 RPA 开发者进行流程优化与再造。

1. 明确业务流程挖掘目标

选择合适的业务流程是 RPA 项目能够获得成功的重要先决条件之一，同样，明确业务流程挖掘的目标也是先决条件。目标不同，梳理业务流程的方法和着重点也需要进行相应调整。

2. 了解业务流程挖掘范围

在开始流程自动化之前，RPA 开发人员需要对企业目标范围内的所有业务流程进行梳理和审阅。通过了解目标范围内的业务流程，熟悉目标流程当前的工作内容和工作方式，厘清各个子流程之间的业务关系，为后续选定自动化流程提供方向和参考。

3. 关注业务流程挖掘内容

在进行业务流程挖掘时，需要重点关注以下 8 项内容：业务流程涉及的相关部门和组织、业务流程涉及的系统和应用环境、业务流程涉及的信息来源及格式、业务流程的整体内容和细节、业务流程的出错率和容错率、业务流程的耗时和频率、业务流程的特殊情况和需求，以及业务流程交易体量。

4. 多方面评估业务流程

业务流程评估需要从多维度进行，主要包括可行性、不可行性以及收益性。可行性是从 RPA 项目落地难度出发，分为流程稳定性、流程连续性、复杂性和异常、数据质量，以及安全合规性等。不可行性是指满足以下任一情况，都不建议实现流程自动化，例如涉及大量主观判断或者实物操作或者规则经常发生变化的流程。收益性是指从业务角度去分析整个流程的耗费时间、出错率、对其他流程的正向激励以及业务收缩性等。

5. 确定梳理业务流程小组成员

梳理业务流程小组是在确定业务流程挖掘目标后成立的。分组梳理业务流程，小组成员的构成也需要经过考虑决定，主要由企业业务负责人和 RPA 开发人员组成。以业务负责人为主，开发人员为辅，对机器人开发时的要点进行重点梳理。如果有条件，可以对小组成员事先进行基础培训，这样可以有效降低流程挖掘过程中的出错率，缩短流程挖掘时间。

6. 设想业务流程风险

任何一个业务流程都存在风险，在梳理业务流程的过程中，这也是必然要考虑的，所以风险设想是非常重要的，而且在风险设想这一部分一定要小心谨慎。针对设想的风险，分析潜在影响，制定可能的防御措施，以平衡风险。

以上是进行业务流程挖掘时需要注意的方面，通过这些方面企业能够找准流程真正的痛点，厘清实现流程自动化的最大阻力，进行点对点突破，从而获得 RPA 项目的成功。

5.5 业务流程优化与再造

5.5.1 全流程优化方案

流程优化是一项策略，通过不断发展、完善、优化业务流程以保持企业的竞争优势。在流程的设计和实施过程中，要不断地对流程进行改进，以期取得最佳的效果。流程优化要围绕优化对象实现的目标进行；在现有的基础上，提出改进后的实施方案，并对其做出评价；针对评价中发现的问题，再次进行改进，直至满意后再开始试行，然后正式实施。

从整个业务角度出发，RPA 是优化业务流程的主打工具之一，通过 RPA 可以达到减少环节、改变时序、提高效率、减少成本、降低出错率等目的。因为 RPA 的实现实际上具有一定的挑战性，因为不是所有的流程或环节都可以实现流程自动化，所以在 RPA 能够发挥作用前，需要进行详细的安排与筹划，主要从以下 3 个方面进行。

第一，做好 RPA 实施前的预案调查。相对来说，目前 RPA 仍然是一项比较新颖的技术。企业在部署 RPA 前需要了解 RPA 的产品特性和适用领域。其中关键点包括 3 个：选择合适的技术解决方案以满足企业的特定需求；为 RPA 创建坚实的业务案例，包括制定 ROI 指标；评估当前的流程和业务问题，避免员工产生排斥，因为 RPA 是数字化员工，能够代替正式员工的部分工作，可能会增加员工的工作压力。

第二，框定最佳实施环节。在部署 RPA 前，企业要筛选符合自动化条件的流程，确定最有可能产生积极业务影响的流程。这样做可以极大地增加企业实现业务流程自动化的可能性。另外，为了保证顺利部署，要保持 RPA 的简单和模块化。实施 RPA 的驱动因素是希望通过自动化来降低人工操作和容易出错的工作的风险，通过大规模简化和自动化流程来提高业务效率，以及解放劳动力，使员工可以从事更有价值的活动。

第三，注意定期测试以及数据安全。组织需要定期测试这些自动化工具，以发现并解决缺陷。此外，企业可能会因为匆忙实现 RPA 而忽略一些问题，从而忽视了数据的安全性。

5.5.2 端到端流程再造

根据企业的实际情况和实际需要，找出企业原有流程的弊端和缺陷，针对不同的问题，逐步进行优化和改善，对不适合进行 RPA 的流程重新改造设计。首先对现有流程进行全面分析，明确所有核心流程的关键步骤。然后对流程进行重新设计，对新思路进行汇总分析，结合原有的业务流程，对其中的一些步骤进行简化、标准化操作。在新的流程方案设计出来之后，应当通过模拟的方法来验证是否契合 RPA，提高效率，是否有利于 RPA 的开发与部署。通过对流程的再造，重新设计企业业务流程，可以提高企业的绩效，节省人力成本。

5.6　本章小结

业务流程挖掘是 RPA 实施的前期准备工作，尤为重要。本章主要从什么是业务流程、业务流程的特点、如何梳理业务流程、业务流程挖掘注意点以及业务流程优化与再造 5 个方面对业务流程挖掘进行详细说明。每个业务流程都有六大要素，企业通过业务流程来协调各种资源，提高企业的效率，实现企业的目标。结合业务流程的特点（层次性、以人为本）进行业务流程挖掘，选择合适的部门和流程，评估各流程的业务特性，按照统一的要求编写业务流程挖掘文档，进而选择适合业务的 RPA 机器人设计。同时指出进行业务流程挖掘时需要注意的方面，并找出业务需求的痛点，清除实现流程自动化的最大阻力，这样会大大增加 RPA 项目获得成功的可能性。最后从全流程优化方案和端到端流程再造两个方面对业务流程的优化给出说明与建议。

第 6 章 RPA 项目交付管理

项目交付是保证企业成功实施 RPA 项目的关键环节，因此对 RPA 项目的交付管理要引起足够重视。RPA 项目的交付管理主要包括项目实施计划、应用程序开发、应用程序部署上线和项目验收交付 4 个环节。本章将一一介绍。

6.1 项目实施计划

项目实施计划是通过评估项目的各个方面而得到的人员、资源及时间规划。一个项目从开始到结束关联着一系列人员，需要对其进行管理以及合理规划时间，以便更好地促进项目实施。

6.1.1 项目干系人管理

项目干系人是参与该项目工作的个体和组织，或由于项目的实施与项目的成功，其利益会直接或间接地受到正面或负面影响的个人和组织。项目管理工作组必须识别哪些个体和组织是项目的干系人，确定其需求和期望，然后设法满足和影响这些需求、期望以确保项目成功。每个项目主要涉及的人员有项目经理、顾客/客户、执行组织和发起者。而结合 RPA 行业特性，RPA 行业的项目干系人主要包括客户（需求的发起者）、乙方业务人员（商务谈判、需求沟通、流程挖掘、方案设计等人员）、项目经理（项目实施的管理者）、ISV 伙伴（项目具体实施方）、RPA 产品团队（RPA 产品和技术提供方）等。

项目干系人管理是指对项目干系人需要、希望和期望的识别，并通过沟通上的管理来满足其需要、解决其问题的过程。下面以一个项目实施团队的要求为例进行具体说明。

项目经理要求：对项目负总责，主动推动项目进度，主要负责项目规划、计划落实、客户沟通，保证项目有序开展，及时响应并处理项目的问题。

业务人员要求：对业务需求足够熟悉，对公司的系统熟悉，能够了解项目的真实需求，带领客户完成各项需求调研，并符合国家相关规定。

项目实施人员要求：熟悉业务及公司的系统，技术能力强，熟悉项目实施流程与规范，有大型 RPA 项目的实施经验，能够独立完成项目实施，有较强的沟通能力。

开发人员要求：熟悉、业务及公司的系统，有丰富的 RPA 开发软件技能经验，能够快速修改客户提出的需求，并保证修改质量。

测试人员要求：熟悉公共资源业务及公司的系统，能熟练操作 RPA 软件系统，对修改内容质量负责。

通过项目干系人管理可以赢得更多人的支持和资源。通过项目干系人管理能够预测项目干系人对项目的影响，尽早沟通和制订相应的行动计划，以免受到项目干系人的干扰，从而确保项目成功。

6.1.2 制订实施时间计划

制订项目具体的时间计划，首先要符合客户的时间要求以及工作安排，然后 RPA 部署方再根据项目实际情况（主要是根据每个流程需要的人数、时间）来安排具体的实施计划。接下来将以 A 公司的 RPA 实施项目为例，依据工作分解结构（Work Breakdown Structure，WBS）方法介绍项目进度的大致时间安排。

首先，项目启动计划。项目实施团队成员在充分讨论的基础上做出前期分工安排。按时按量完成项目的基本准备工作，遵循规范的项目运作标准，文档内容表述严谨完整。

其次，实施操作计划。

第 1 周 ~ 第 3 周：完成需求规格说明并撰写需求规格说明文档。

第 4 周：完成系统设计并撰写软件设计文档。

然后，测试阶段。

第 5 周和第 6 周：完成 RPA 软件测试工作。

最后，项目交付阶段。

第 7 周和第 8 周：完成软件交付并撰写总结文档。

开发过程中相应负责人以周为单位记录工作进展，形成电子文档报告，上传至文档库。负责人在每周项目例会上做口头总结，小组会议审核通过给出意见，报告修改后上传至文档库。各风险负责人密切监控风险状态，定期提交风险报告。必要时将突发情况邮件列表通知所有组员，并由组长做出临时处理决定。每周例会上，小组讨论形成一致意见后即为通过，相关负责人针对改进意见开展下一周工作，小组会议持续评估其成效。每一项目阶段结束之前组织一次阶段评审会，评估整个阶段的工作效率和成果质量。尽量与项目例会合并，并邀请总负责人参加评议。

因为不同的项目、不同的公司、不同的业务等都有可能影响项目进度，所以无法准确给出具体的时间安排。这里给出了制订项目计划的大体时间安排，以供 RPA 项目实施人员和管理人员参考。

6.2 应用程序开发

RPA 程序开发可分为可视化开发和编码开发。开发人员可根据自身的编程能力或者相关情况进行选择。在开发过程中要求编码规范、实施规范，开发结束后需要对其进行功能测试来检验开发的成果。

6.2.1 可视化开发

可视化开发是通过拖曳控件的方法进行应用程序的开发，方便快捷，直观可看，更利于新入门和编码能力较弱的人员使用。将一个业务流程分为多个步骤，每个步骤用流程块来描述。从“开始”块开始到“结束”块为止，中间即业务流程。而开发者需要在开始和结束之间拖入功能块进行开发，可以直接在流程图中定义变量并调整变量的范围及类型。在使用可视化开发的时候要注意为流程块进行命名，通常情况是以该流程块的功能进行命名，这有利于后续的维护及程序的修改。

6.2.2 编码开发

编码开发是直接通过写入的方法进行应用程序的开发，更利于编码能力较强的人员使用。编码开发和可视化开发类似，只是可视化开发是已经封装好的代码，而编码开发是由开发人员在编码开发区自行写入代码。对熟悉编程的专业开发人员来说，编码开发更为便捷，只需要敲击键盘，不用在功能区反复搜索控件，这极大地提高了开发效率。

6.2.3 可视化开发与编码开发的优缺点

可视化开发的优点是开发速度快、流程短，可以直接看到布局效果，各个流程点之间的衔接和逻辑链较为清晰，适合刚开始接触编程或者仅能进行简单业务处理的业务人员；缺点是重复使用率不高，合并代码的时候容易出错，同时适配性较差，仅能使用软件自身封装的代码，不易拓展。编码开发与可视化开发正好相反，其优点是适配性更广，可以对代码进行拓展以适配更多、更复杂的流程，稳定性强，后期维护方便，适合有开发经验的人员使用；

缺点是开发速度慢，可视化不强，需要有一定的编程基础。

6.2.4 编码规范

根据内部定义的规则对变量、参数、流程名、文件名等进行命名，可以遵循软件开发的编码规范。

代码注释包含流程的注释、每个活动的注释以及业务逻辑的注释。日志包含两种——系统日志和业务日志。完善的框架中的系统日志功能比较齐全，一般情况下不需要再次记录；对于业务日志，根据项目需要记录关键性操作。

项目需要的配置信息应存储到配置文件中。不过需要分清哪些可以存储到本地文件中，哪些存储到服务器端。例如，用户账号和密码需要存储到服务器端，对于经常修改的信息也可以存储到服务器端。针对异常（包含系统异常和业务异常）捕获，应该提供完善的异常捕获机制，并记录异常信息和截屏。

6.2.5 实施规范

1. 框架设计

在实施过程中，首先应当从整体框架设计开始，考虑需求衔接、参数配置、风控与回滚机制、结构化开发、新需求承接、维护和纠错等因素。在这个过程中不仅要考虑业务流程的实现和稳定，还要考虑未来的可延展性和变更。

2. 开发规范

提前设计开发规范对于未来确保项目的顺利落地和后期运维的便利性有重要的意义。在实施过程中设立一套 RPA 开发规范与标准，从注释、日志、排版、目录、版本、命名等多个维度出发，应用在整个项目进程中，从而提高项目效率和质量。大多数公司的基本流程在高层次上都是类似的，可以提前制定开发规范，有助于简化开发难度。

3. 质量保障

RPA 作为商业中的自动化流程，应该具备重试机制。在整个 RPA 的设计和开发环节中，需要考虑参数配置安全、信息存储安全、信息传输安全、网络端口与访问安全、物理环境安全、日志安全、代码安全、账号密码试用和存储的安全等问题，来保证 RPA 实际运行过程中的安全性。

6.2.6 功能测试

测试是 RPA 项目上线之前最关键的一个环节。完整、系统的测试有利于验证开发结果，覆盖业务场景和业务规则，规避潜在的功能性的或者业务性的风险。需要对即将上线的功能进行反复测试，以保证项目上线后的稳定性。

6.3 应用程序部署上线

RPA 机器人应用部署的过程主要包括前期准备阶段、第一阶段、第二阶段和第三阶段。前期准备阶段主要是进行环境测试和账户准备；第一阶段是测试服业务模拟测试、bug 修正及异常场景添加；第二阶段是测试服用户测试，使用大量数据测试自动化流程稳定性，尽可能发现异常问题，并添加对应的异常处理；第三阶段是正式运行测试。

6.3.1 服务端部署

在服务端进行部署时，更多的是考虑服务器的硬件和软件要求。首先，需要知道有几台服务器，以及服务器环境，服务器是否在同一机房。如果在同一机房，则可以通过内网进行通信，连接速度快；如果不在同一机房，则可以通过外网进行通信，但连接速度较慢。其次，需要考虑服务器的硬件及操作系统。如果应用程序对计算要求高，则部署在 CPU 核数较多的服务器上；如果应用程序对内存要求较高，则部署在内存较多的服务器上。例如，在 RPA 机器人部署上线时，需要使用 Windows 10 系统，4 × 2.4 GHz 64 位（Intel 酷睿 i5 及以上）处理器，16 GB 大小的内存，500 GB 大小的硬盘。此外，服务器中安装应用程序，例如 SAP 和 UiPath 企业版；部署机器人所需要的账户，包括测试服账号和正式区账号等。

6.3.2 应用程序试运行测试

RPA 机器人在应用程序试运行过程中，还需要考虑项目存在的风险，以及防范和控制措施，旨在为该程序排除故障。应用程序试运行测试主要包括功能测试、性能测试、鲁棒性测试和易用性测试。功能测试，旨在根据产品的需求规格说明和测试需求列表，验证产品是否符合需求规格说明。性能测试，主要用于测试自动化流程的运行性能和稳定性。鲁棒性测试，用于测试系统在出故障时，是否能够自动恢复或者忽略故障继续运行。易用性测试，用于检测用户在理解和使用系统方面是否方便。通过以上各个测试，得出相应的结果，对其结果进行相应的分析并快速做出调整。

6.4 项目验收交付

项目验收，也称范围核实或移交，指核查项目计划规定范围内各项工作或活动是否已经全部完成，交付成果是否令人满意，并将核查结果记录在验收文件中的一系列活动。

6.4.1 项目验收报告

项目验收报告一般是由甲乙双方协商编写，由甲方企业对项目进行全方位检验与测评，检验乙方提供的软件系统是否符合软件开发标准的要求，检验各项指标与合同要求是否相符。RPA 项目验收报告主要由如下 5 部分构成。

- 项目基本情况。首先要先对项目基本情况进行阐述，包括项目名称、合同甲方及乙方企业名称、项目开始和完成及验收日期等内容。
- 项目验收目的。用文字对此次项目验收的目的进行描述。
- 项目验收范围。分为项目技术目标和项目验收内容两部分。项目技术目标是指通过此项目能够达到的技术实现。项目验收内容涵盖 RPA 程序源代码、业务自动化流程定义文档、业务自动化用户使用手册以及产品企业级 RPA 平台许可证等。
- 项目验收表。分为验收情况和验收结论两部分。验收情况是对验收内容提出反馈意见与备注；验收结论是对项目验收整体情况做出文字性概括。
- 其他。这部分内容主要是对合同部分重要要求做出具体描述。

6.4.2 项目总结报告

项目总结报告是在项目完结之后，甲乙双方对项目的整体情况做出客观评价的结论性文件。RPA 项目总结报告主要包括以下 3 部分内容。

- 项目信息：提供项目名称、客户名称、项目经理以及项目发起人姓名等一般信息。
- 项目背景与要求：提供项目背景、项目目标、项目方案等方面的信息。
- 项目总结：从完成的进度、成本、质量、效果等方面进行评价。内容包括项目的实际进展情况与计划进度对比、实际成本与计划预算对比、RPA 机器人运行测试的结果、该机器人在哪些方面促使业务流程实现自动化、是否还有改进的可能等。

6.4.3 客户满意度调查

客户满意度的调查对象是甲方企业以及甲方的客户企业，通过对其调查得出客户满意度结论。客户满意度调查可以作为项目是否成功的判断标准。

开展客户满意度调查研究，必须先识别客户及其需求结构，明确开展客户满意度调查的内容。不同的客户群体，需求结构的侧重点不同。从甲方企业出发，客户满意度调查主要考虑的是 RPA 在降低业务成本、提高业务效率等方面给企业带来的经济效益。从甲方的客户企业出发，客户满意度调查主要考虑的是业务实现流程自动化后，客户办理业务的体验感。

在开展客户满意度调查后，还需要对调查情况进行分析，适当对 RPA 机器人流程设计做出修改，使项目能够更好地实现预期目标。

6.5 本章小结

本章内容主要从项目实施计划、应用程序开发、应用程序部署上线、项目验收交付 4 个方面对 RPA 项目交付管理进行了详细说明。在项目实施计划中，通过介绍项目干系人管理和制订实施时间计划，指明了项目中相应干系人的要求与责任，同时提供了某项目的具体时间安排以供借鉴。在应用程序开发中，具体从可视化开发、编码开发、编码规范、实施规范和功能测试 5 个角度展开说明程序开发过程中的注意点。应用程序部署上线过程主要包括前期准备阶段、第一阶段、第二阶段和第三阶段，其中要重点关注服务端部署以及应用程序试运行测试，从而为 RPA 项目的成功实施打好基础。最后从项目验收报告、项目总结报告、客户满意度调查三大方面对项目验收提出具体规范要求，以便项目实现预期目标。

第 7 章

RPA 实施中的主要问题

本章主要对 RPA 实施中的具体问题进行分类介绍，将从商务、人员配备、流程挖掘、应用开发、项目交付以及其他 6 个维度进行分析。

7.1 商务类问题

7.1.1 客户需求不明确

针对客户需求不明确，这时需要实施方努力跟客户沟通并调研，弄明白客户的需求。在商务沟通中，作为实施方，主要的意图在于深层次地理解用户的需求和实施 RPA 的目的，了解客户所处的行业和可能遇见的业务场景，举一反三。通过对客户当前的需求进行分析，挖掘其他业务流程实施 RPA 的可能性。

7.1.2 客户需求可行性不确定

因为很多客户对 RPA 不了解，只是看过一些介绍或者案例，所以可能会在理解上产生偏差。容易将一些不属于 RPA 实施范围的业务划到 RPA 的实施范围中，夸大 RPA 的作用，而在具体实施过程中会遇到困难，这些在前期沟通中尤其需要注意。对于不能完全实现流程自动化的业务，可以考虑拆分。对于完全不能实现流程自动化的业务要选择性放弃，以免在后续的合作中产生麻烦，增加沟通成本。

7.1.3 流程合理性有问题

在实施过程中，对于某些业务，一些客户的业务流程不一定是完全正确的，可能采取了比较烦琐的方法去执行该业务；一些客户长期以来的做法本来就是错的。所以在需求了解的过程中，要将流程挖掘清楚，记录和了解每一个细节，从专业的角度看待客户的业务问题，客户的做法不一定是最优、最好的，要在理解客户需求的前提下进行改善或调整，为客户提供合理的建议。同时初步评估该业务流程自动化后能够替代多少员工或者释放多少人力资源，判断能否为企业带来收益。

7.2 人员配备类问题

7.2.1 人员配备不全面

人员配备不全面会影响RPA的顺利部署。为保证RPA部署的顺利实现，在实施RPA的过程中要实现人员的优化配置。RPA的实施需要业务人员、IT部门以及供应商协调完成。通常需要的人员包括基础架构团队、应用开发专家或主管、技术业务分析师、业务分析师、IT 自动化经理、应用合规专家和项目经理等。由于每一个工作岗位都对应不同的工作范围和职责，因此在RPA实施过程中人员配备要全面。

7.2.2 缺乏IT支持

虽然相较于其他IT系统的部署，企业实施RPA的过程更为简单和快捷，但却容易忽视流程规范性欠佳、流程与RPA不匹配、IT系统设施不完善等问题，导致实际部署的速度及进度与计划有很大出入，造成RPA项目进展缓慢。这就要求企业的核心RPA机器人运营团队可以搭建业务人员和IT人员之间的沟通桥梁，将RPA深入有效地嵌入组织，让RPA能得到充分的IT支持，帮助整个企业尽可能快速、高效、安全地实现管理自动化。

7.2.3 缺乏人力资源支持

人力资源支持是RPA的有力后盾。如果缺乏人力资源的支持，则RPA培训计划可能落空。RPA培训可以帮助员工更好地了解和掌握RPA的操作，有助于减少企业对RPA顾问的依赖，同时还可以给员工赋予更多的权利。

7.3 流程挖掘类问题

7.3.1 流程业务不完整、不全面

流程业务不完整、不全面会影响 RPA 项目的实施，因此需要对流程进行仔细梳理。进行流程挖掘时，要充分了解客户当前的业务流程，比如，要实现什么业务目标、执行哪些有

关的业务、业务流程中涉及了哪些角色，以及输入输出的顺序、数据、文件等。为了保证RPA顺利部署，以上方面缺一不可。同时，在梳理业务流程的时候，要考虑“细节”，既不能忽视“细节”的价值，也不能掉进“细节的陷阱”，在梳理具体业务时，需要进行权衡。此外，在这个过程中要了解业务流程的“全景、全貌”，知道先有什么后有什么。

7.3.2 流程中有不合理的规划

RPA项目初期更多的是针对复杂度中低等的流程或子流程，基于它们，RPA可以帮助企业实现从人工操作到机器人替代的过程，在很大程度上提高效率、保证质量以及减少成本。但是，当一个流程非常复杂，而RPA还不够成熟时，这明显是错误的。因为一个复杂的流程将会耗费高额的费用，而这些费用如果规划到其他多个流程的自动化上会更加合理。

7.3.3 流程不适合自动化

如果将不适合自动化的流程进行自动化，那么可能会使得投资回报率偏低。因此对业务流程进行梳理时，要考虑该流程是否适合自动化或高度自动化。RPA更多地用来帮助企业实现高效、少人工、高质量的辅助工作，用来完成基础流程的操作，使更多的人力从复杂、烦琐、耗时的任务中解脱出来，去完成其他更有价值的工作。如果将RPA机器人的自动化覆盖到业务的每一个流程，则可能需要耗费较长的时间。项目管理层应该尝试通过一系列简易的变革，依次增加流程自动化的比例。

7.4 应用开发类问题

7.4.1 项目不稳定

对RPA项目来说，稳定性是排在首位的。如果项目不稳定，那么这个项目的可靠性不强。这会影响RPA项目在一些地方的顺利部署。因此，在开发过程中，首先需要注意的是程序的稳定性。在设计和开发时，应当考虑到可能出现的情况，提前加入防报错机制、检验机制，从多个维度保证程序的稳定性，同时在项目上线之前应当先做大量的测试，保证项目在上线后稳定运行。

7.4.2 项目可拓展性弱

可拓展性是一个被广泛注意的问题，特别是那些希望扩大RPA实现规模的大型企业。管理RPA安装的复杂性会随着机器人数量的增加而迅速增长，机器人遇到的问题以及受机器人影响的流程也会增长。可拓展性弱的 RPA 项目不利于 RPA 项目的更新迭代，因此在开发的过程中应尽量保证程序的可拓展性，将一些可能发生变化的部分用其他方式代替，尽量不要将代码直接写入程序中，最好是可以从其他地方获取参数，这样便于使用和修改。

7.4.3 编程规范性不强

维护是 RPA 实施后面临的最重要的挑战。当元素发生变化或者流程发生改变时，都需要对 RPA 程序进行维护和修改，后期的维护工作难度大小取决于编程是否规范。如果编程规范性不强，那么会加大后期 RPA 项目的维护难度。因此要严格按照编程规范来开发，保证程序可读可改，这样才有利于后期的维护。

7.4.4 系统及网络环境不同

不同于其他的软件开发，RPA 开发需要在企业中实地进行。不同企业的系统及网络环境是有差异的，因此在实施开发之前应当对作业环境进行评估，对在不同的系统和网络环境上部署 RPA 项目这一问题设计具有针对性的解决方案。如果缺少某些权限或者需要客户购买开发软件，需先与客户沟通，征得同意后才能进行后续的安装与实施。

7.5 项目交付类问题

7.5.1 缺乏明确的交付要求

项目交付需根据预先确定的交付内容（文档说明与系统程序）、交付的形式、交付的时间、交付的对象、交付的评审标准和交付的方式等事项进行。然而甲乙双方可能前期没有清晰、明确地规定这部分内容，从而导致在后期交付过程中出现理解上的偏差。此外，要了解项目的“全貌”，从前期的启动计划到项目实施过程中的具体步骤，再到最后的验收阶段，应该对每个阶段的文档和 RPA 开发程序都有明确的交付要求，以便项目交付工作的顺利开展。

7.5.2 项目交付不完整

项目的交付验收标准是否确立并达成共识直接影响到项目的交付质量。模糊的交付和验收标准将导致项目交付不完整。之所以不成熟的委托方希望交付验收标准是模糊的，主要原因有两种：一种是自己的确没想清楚要什么不要什么，也不知道该如何设立标准；另一种是希望能够先以模糊的方式开展，到后期留有“活口”，再进行修改和增添。不成熟的产品顾问也希望交付验收标准是模糊的，因为他希望能够更快速地与客户签约，而不是真正帮助客户解决问题。

这两种“不成熟”的做法都极大地危害了真实的委托方利益和项目进展。有丰富项目经验的领导一定明白，在交付验收标准模糊的案例里，问题将集中式爆发，并直接导致项目交付不完整，最终使得项目延期甚至重构。

7.5.3 缺乏对交付后项目的有效延伸性维护

项目交付完毕不代表该项目的结束。首先，从需求文档中提炼出的测试内容，比如功能测试、接口测试、性能测试、单元测试等，在项目交付之后仍需进行维护。罗列每周测试人员对哪些模块、哪些项目进行了测试，涉及了多少用例和 bug，其中产生了什么问题。交付后，用例的维护最好在测试过程中进行，不能完全脱离实际的软件。

其次，测试用例程序的质量。在编写测试用例的时候，要融入自己的思路，也就是测试思路。设计测试用例采用什么方法，写出的测试用例有什么漏洞，自己可以多阅读、多思考，并将测试用例进行等级划分，哪些是重要性高的，哪些是重要性低的，重要性高的测试用例设置为高优先级，重要性低的设置为低优先级。其实在项目一开始，可以告知程序设计人员或者项目经理程序设计中会犯的一些错误，提醒程序设计人员在设计程序的时候避开类似的情况。比如必填项校验、数据处理准确度、超长字符串校验、设计的整体性等都是应特别关注的。

最后，每个测试项目完成之后，测试人员最好能进行一些技能分享或者心得体会的总结，以便后期甲方使用人员进行操作。项目程序的测试和后期应用极为关键，因此项目交付中应明确交付后乙方仍需对 RPA 项目的程序有效性的延伸性维护做出保证。

7.6 其他问题

企业在 RPA 实施过程中会遇到各种各样的问题，除上面提到的 5 类问题以外，还存在 RPA 信息安全和 RPA 项目成功实施的关注指标等问题。

7.6.1 RPA 信息安全问题

在 RPA 项目的初始讨论中，RPA 开发部门往往会对业务部门提出有关保障 RPA 项目中信息安全的问题。数据安全性和访问安全性是追求数字化和流程自动化的企业必须关注的问题。提升 RPA 的信息安全性的方法有如下 4 种。

- **完整的审核日志**。监督是预防问题的主要手段之一，由 RPA 平台提供完整的审核日志，对机器人和用户在自动化执行中的操作进行跟踪和记录。
- **整合数据保护技术**。在 RPA 中整合用于数据保护的技术或软件，提高 RPA 平台的安全性。企业在选择 RPA 产品的时候要对产品进行全方位了解，选择依赖于最新行业标准传输层安全性协议的产品，该协议旨在保护通过网络传输的信息的隐私。
- **使用加密**。在流程自动化中，可以对敏感信息进行加密设置，即只有授权方能够访问其信息。通过这种方式对数据或密码进行编码，有助于确保最高级别的访问安全性。企业还可以根据自身情况，使用凭证保险库来存储 RPA 机器人在自动化期间登录企业数据库和其他网站所需的加密密码和凭证。
- **基于角色和资源的访问控制**。基于角色的访问控制是一种内置的身份验证系统，允许公司限制授权用户访问 RPA 系统。基于资源的访问控制也是如此，这些访问控制对于确保内部安全级别至关重要，其中只有授权用户才能查看和操纵 RPA 机器人。

7.6.2 RPA 项目成功实施的关注指标

RPA 项目成功实施的关注指标可以分为以下两类。

- **业务指标**，包括 ROI 和处理结果。ROI 通常取决于 RPA 项目的成本、RPA 项目上线后的时间节省和资金节省。机器人可以在短时间内完成长时间的手工且烦琐的任务，企业可以计算出节省的时间，在员工的时间上附加相应的工作价值，就可以在完成任务的同时减少人力成本。此外，企业还可以选择某一业务指标在 RPA 实施前、后分别进行检测，观察其结果是否得到优化。
- **运营指标**，包括机器人利用率、自动化成功率、运行时间以及故障检验。机器人利用率是通过检查机器人每天的工作时间和在一定时间内的工作量来判断 RPA 的工作量是否合理。自动化成功率是指在一定时间内，机器人能够成功运行的概率，因为失败的自动化不具有价值。流程运行成功并不是判断机器人项目成功的唯一标准，机器人的运行时间也是标准之一。此外，机器人的运行难免会出现故障问题，能够跟踪其运行失败的原因并加以改正也是判断 RPA 项目是否成功的标准之一。

7.7 本章小结

本章从商务、人员配备、流程挖掘、应用开发、项目交付等方面出发，对 RPA 项目实施中的若干问题做了简要讲解。

针对商务方面，需要理解客户的需求并进行简单的业务流程挖掘，筛选出适合实现流程自动化的业务，并放弃不能实现的。

针对人员配备方面，需要注意各个岗位的人员配合，通过人员与岗位的匹配打造 RPA 项目实施的基底。

流程挖掘方面是针对在商务沟通时选定实现自动化的业务进行从始到末的流程挖掘。首先要考虑的是业务流程挖掘是否全面、完整，了解其步骤先后顺序，对原业务流程中不合理的步骤进行更改或删减，由简入繁实现业务流程自动化。

针对应用开发方面，需要注意项目的稳定性、可拓展性、编码规范以及系统和网络环境。企业应从这 4 个方面解决 RPA 项目开发的基本问题，保证后期 RPA 上线后可以顺利运行。

针对项目交付方面，需要从交付验收标准出发，分析交付后期可能出现的维护性问题，并令甲乙双方对交付要求达成一致，最后对项目交付后的有效延伸性维护问题进行详细说明，并提出相关建议。

其他方面主要包括 RPA 信息安全以及 RPA 项目成功实施的关注指标两部分。通过提升 RPA 的信息安全性增强企业实现流程自动化的信心，企业也能从业务指标和运营指标判断 RPA 项目是否实施成功，进而不断改进流程。

第 8 章

RPA 开发规范

几乎所有的软件开发公司都有相应的代码规范，很多知名企业及比较大的外包公司，其代码规范几乎已经到了事无巨细的地步。遵守代码规范不仅可以方便后面的人阅读和理解代码，而且可以节约维护以及迭代的时间。作为计算机科学的分支，RPA 虽然是一个新兴的行业，但已建立了一整套特有的开发规范，甚至从某种程度上说，RPA 行业的开发规范要比传统的代码规范更加烦琐。本章将简要描述 RPA 开发中的通用规范。

8.1 BA 规范

8.1.1 BA 简介

首先介绍一下 BA 以及 BA 在团队中的角色。

BA（Business Analyst，业务分析师）在团队中充当业务人员与开发人员之间桥梁的角色。

也就是说，BA 的职责就是把业务/流程所有者的业务要求和问题转化为技术问题提供给技术团队，并与技术团队一起协商出高级解决方案，然后再将解决方案传递给业务/流程的所有者，让他们验证解决方案是否已完成预期工作，协助技术团队完成解决方案的设计并确认最终解决方案。

8.1.2 BA 在 RPA 项目中的工作规范

图 8-1 展示了 BA 在 RPA 项目中的规范工作内容。

具体来说，BA 在工作中要做到以下几点规范。

（1）初步了解需求的规范，包括以下内容。

- 找出真正的专家和决策者，收集必要信息。
- 与利益相关者确认收集信息的正确性。

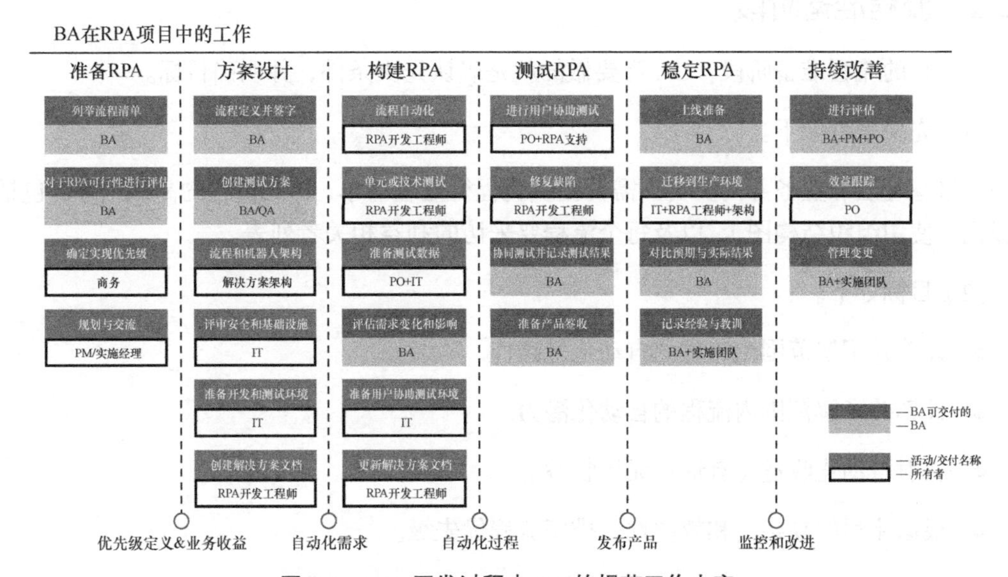

图 8-1 RPA 开发过程中 BA 的规范工作内容

（2）形成流程定义文档的规范，包括以下内容。

- 与开发团队就文档详细程度达成一致。
- 创建清单以确保文档准确且一致。
- 开始编制更详细的高级别的文档。
- 在分析阶段的早期，请开发团队审查文档。

（3）需求确认的规范，包括以下内容。

明确定义并记录项目范围，如果没有异议，要在与利益相关者的第一次会议中提出该问题。

（4）初始需求的变更与管理规范，包括以下内容。

- 分析请求变更的原因。
- 查看变更产生的每一种可能的影响。
- 将变更的影响清楚地传达给利益相关者并获得他们的批准。

8.2 流程准备规范

8.2.1 流程准备阶段

在项目的流程准备阶段，BA 需要做的就是确认先决条件，并明确目标。

（1）先决条件如下。

高级管理层和业务部门负责人需要提供流程待处理清单，即对流程的高级描述，包括组织级别（使用组织结构图），以及每个流程要采访的利益相关者列表。

（2）目标如下。

- 计算并了解范围内流程的自动化复杂性。
- 计算并了解范围内流程的自动化潜力。
- 映射自动化收益（有形和无形收益）。
- 根据流程的复杂度和效益性，排序流程优先级。

8.2.2 流程准备阶段确认规范

项目的流程准备阶段是实施项目的前提，只有一切准备就绪才能开展下一步工作。此阶段需要在输入、流程指标、流程描述、IT 环境等方面确认规范，以便正确、快速、有效地设计流程。

1. 输入

输入方面的规范如下。

（1）输入的数据标准吗？

（2）数据输入方式是什么？

（3）此过程是否需要阅读图像或手写文档？

（4）此过程是否需要阅读自由填写的信息？

2. 流程指标

流程指标方面的规范如下。

（1）全职人力工时（Full-Time Equivalent，FTE）。

（2）案例/交易次数。

（3）处理频率。

（4）平均处理时间（Average Handling Time，AHT）。

（5）步骤数。

3. 流程描述

流程描述方面的规范如下。

（1）语言。

（2）详细描述。

（3）是否设置质量检查点？

（4）该流程是否是手动且重复的？

（5）流程或系统是否会在未来 3 ~ 6 个月内发生变化？

（6）未知异常的百分比。

（7）流程基于规则吗？

4. IT 环境

IT 环境方面的规范如下。

（1）技术/系统的约束条件。

（2）流程中是否存在已经自动化的步骤？

（3）是否准备好测试环境？

（4）是否通过虚拟桌面基础架构（Virtual Desktop Infrastructure，VDI）/远程桌面访问应用程序？

（5）涉及的系统/应用的数量。

8.3 流程设计规范

为推动项目高质量完成，每个阶段都非常重要。一般在开发过程中，开发人员依据流程图及相关的文档进行开发，所以在设计流程的时候，应尽量详细且规范。

接下来从流程设计、需求调研规范和形成流程定义文档（Process Definition Document，PDD）3方面进行介绍。

8.3.1 流程设计

在流程设计阶段，BA需要做的就是收集并了解与流程相关的文档、标准操作程序、流程图、组织结构图、用户手册等。

流程设计的目标包括以下3点。

（1）向流程所有者记录并验证RPA的AS-IS（当前）流程和所有相关数据。

（2）设计TO-BE（未来）流程。

（3）将良好的文档移交给开发人员，作为构建该流程的RPA解决方案。

8.3.2 需求调研规范

需求调研规范如下。

（1）与流程负责人及业务相关人员进行中小型的讨论。

（2）获得流程的详细描述（遍历流程）。

（3）了解流程的复杂性和挑战（从RPA的角度来看）。

（4）获得流程指标，包括范围、涉及的应用程序、全职人力工时、数量、平均处理时间、服务水平、时间依赖性、挑战、复杂性、利益相关者及其作用。

（5）在关键文档或过程记录的帮助下准备PDD。

（6）从一开始就标记范围，标识超出RPA范围的内容，并在文档编制过程中不断验证该分类。

（7）记录行为是否可以自动化的原因。

8.3.3 形成PDD

形成PDD的过程如下。

（1）收集所有流程信息和数据。

（2）准备具有流程描述的详细流程图。

（3）与流程负责人一起验证详细流程图。

（4）通过包含更多方案和业务规则来更新文档，并找流程所有者进行验证。

（5）为 AS-IS 流程准备详细的 4 级流程图（包括所有方案）。

（6）定义将要达到的第 4 级流程图以及解决方案描述，并找流程负责人进行验证。

（7）准备 PDD 和任何详细说明业务规则、角色矩阵、输入和输出等的支持材料。

（8）与流程所有者一起验证 PDD，并使用所有收到的反馈更新 PDD，必要情况下组织会议进行澄清。

（9）签字确认。

8.4 业务流程处理规范

开发中的每一步流程都能影响后面的开发。在正式开发前，BA 需要将业务需求转换成流程图，这一步决定着后面的开发是否合规且能否顺利进行，所以需要对其进行规范处理。下面从业务流程合规性和流程图的规范性两方面进行详细的介绍。

8.4.1 业务流程合规性

BA 首先将业务人员描述的流程转换成具有逻辑性、可编程的流程，然后将流程转换成流程图供开发人员使用。在此过程中可能会碰到各种各样的问题，接下来分别介绍应对方法。

1. 流程的不确定性

有些业务人员可能在描述流程时无法面面俱到，这时需要 BA 与业务人员进行耐心的交流与商讨，甚至特殊情况下需要流程的录屏。这都是为了更好地确定流程，防止后期流程的变动。

2. 流程的简洁性

BA 应该在画流程图时思考此流程图是否是最简单、最方便、最易懂的方案，如果不是，应考虑如何调整。比如，在做结构分支时应尽量避免多重判断，如图 8-2 所示。

图 8-2 采用了多分支结构，当条件判断过多时，可用 Switch 进行代替，如图 8-3 所示。

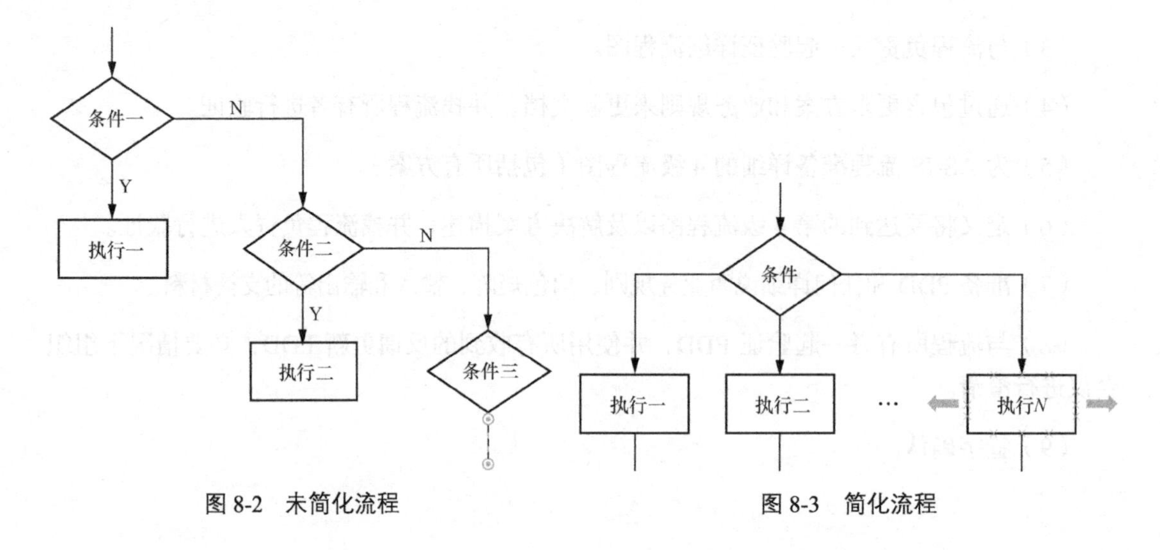

图8-2 未简化流程　　　　图8-3 简化流程

3. 流程中的异常处理

当流程遇到异常时，BA应充分地考虑异常的处理以及遇到异常后的流向。如在特定流程中，当机器人需要打开网页时，由于网络波动导致网页无法打开，此时是否需要重新打开网页或者刷新页面？当几次尝试后还是无法打开网页，后续应该如何处理？这些应在流程中详细标注。

8.4.2 流程图的规范性

1. 流程图简介

流程图，顾名思义，就是用来直观描述一个工作过程的具体步骤图。它采用图形来表示流程思路，这是一种极好的展示方法。它在技术设计、工作步骤及商业简报等领域得到广泛应用，也可以称为输入-输出图。它通常用一些图框表示各种类型的操作，在框内写出各个步骤，然后用带箭头的线把框连接起来，以表示执行的先后顺序。流程图用图形表示执行步骤，十分直观形象，易于理解。

2. 流程图的注意事项

流程图的每个图形都有自己的特定含义，在画流程图时需要谨记。

绘制流程图时，为了提高流程图的逻辑性，应遵循从左到右、从上到下的顺序排列。一个流程以开始符号开始，以结束符号结束。开始符号只能出现一次，而结束符号可以出现多次。若流程足够清晰，可以省略开始符号和结束符号。

菱形为判断符号，必须有“是”和“否”（Y和N）两种处理结果。意思是说，菱形判断框一定需要有两个箭头流出；判断符号的上下端流入流出一般用“是”（或 Y），左右端流入流出用“否”（或 N）。

同一流程图内，符号大小需要保持一致，同时连接线不能交叉、不能无故弯曲。流程处理关系为并行关系的，需要将流程放在同一高度。必要时应采用标注，以此来清晰地说明流程，标注要用专门的标注符号。处理流程以单一入口和单一出口绘制，同一路径的指示箭头应只有一个。流程图中，如果有其他已经定义的流程，则不需重复绘制，直接用已定义流程符号即可。

8.5 代码规范

各行各业都有自己的规范，尤其在软件行业，代码规范直接影响到开发效率以及后续的维护和迭代难度。而 RPA 这类基于流程的 IT 工具，虽然代码量较少，但是代码规范仍直接决定了维护的难度。接下来将简要叙述 RPA 开发中必须遵守的一些代码规范。

8.5.1 命名规范

代码均不能以下画线或者美元符号开始，也不能以下画线或美元符号结束。例如 _nickName、$nickName、nickName_、nickName$等是不合规的。

命名禁止使用拼音加英文混合的方式，也不允许直接用中文加拼音命名。平时编写代码时养成好的命名习惯，这样编出的代码便于阅读的人理解，也便于维护的人看懂。为了避免歧义，纯拼音的命名方式也应尽量避免。可以使用的拼音命名，如 taobao、shanghai、youku 等地名或者国际通用的名称；但是如 zhongguo、ceshi、anli 等拼音是不允许使用的。

变量、方法、包名等建议使用驼峰命名规则，例如 nickName、userDemo 之类的。下画线也是一种可以使用的命名方式，例如 var_result、var_name、nick_name 等。

针对全局常量，建议英文字母全部大写，单词之间用下画线隔开，力求语义表达清楚完整，如 MAX_TRY_COUNT 表示最多尝试次数。切忌嫌名字太长采用缩写形式，让人看不懂。

8.5.2 注释规范

代码按照每一个状态机负责的功能进行注释，说明本模块的功能作用以及相关的介绍（见图 8-4）。

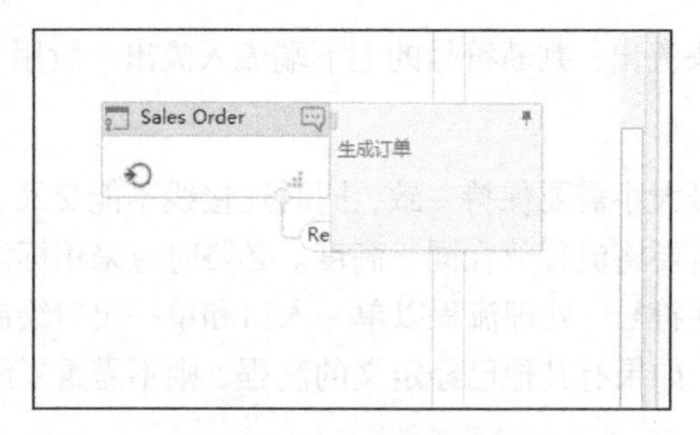

图 8-4 代码器注释示例

按 Shift+F2 快捷键可以便捷生成注释，也可以右击模块，选择 Annotations→Add Annotation 命令来添加注释（见图 8-5）。

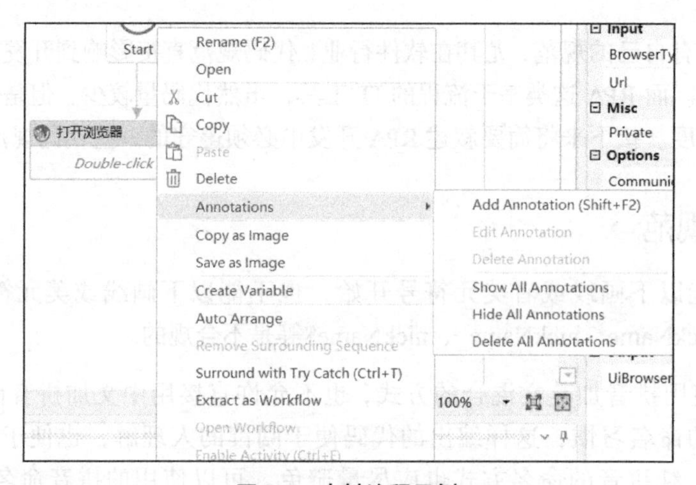

图 8-5 右键注释示例

使用一些控件时也需要写上详细注释，以便于理解（见图 8-6），例如 click 操作、select option 操作、Excel 的操作等。

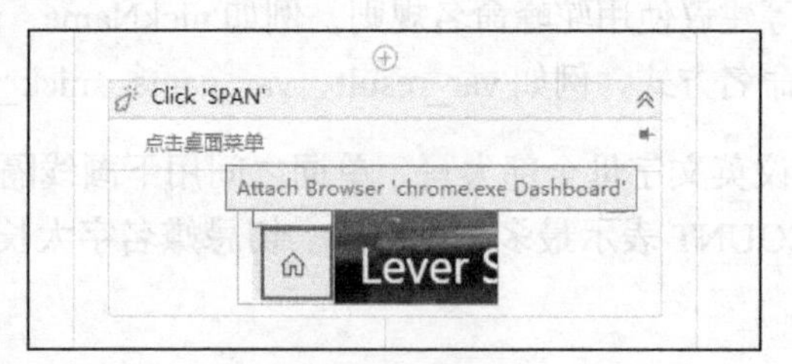

图 8-6 控件注释示例

8.5.3 鲁棒性分析

软件的鲁棒性分析是指分析软件在设计、开发过程中是否功能完善，在用例测试过程中是否达到相应的标准。

鲁棒性分析通常也叫健壮性分析，它是在异常和危险情况下系统流程生存的关键。比如，在流程执行时出现网络问题、输入法导致输入错误、系统更新弹窗的情况下，流程能否不崩溃且正常捕获并执行，这就是流程的鲁棒性问题。

在面向对象的分析与设计中，鲁棒性分析可以完成以下任务。

- **正确性检查**。鲁棒性分析将通过比顺序图更简单、更有效的图形来描述用例中的传递过程，从而确保用例是正确的，同时没有指定对于特定对象来说不合理、不可能的系统行为。如果熟练掌握了鲁棒性分析，在编写用例描述时，就多了一种有效的对比和检验方法。
- **完整性检查**。通过鲁棒性分析，你可以很容易地找到用例描述中所有必需的扩展路径。
- **持续发现及确认类**。在做鲁棒性分析时，你将会关注具体的细节问题，从而很容易发现在问题域建模时漏掉的类。这些漏掉的类让你在绘制顺序图时感觉好像缺少了一些东西，但又不容易被重新找到。同时，你也可以通过鲁棒性分析来确认先前所确定的类中哪些是不正确的，从而修改或删除不正确的类。
- **初步设计**。鲁棒性分析将类分成实体类、控制类和边界类 3 种，这种观点正好与多个体系结构的计算机不谋而合，这可以保障设计出更加鲁棒的应用系统。

8.6 本章小结

各行各业都有自己的规范，RPA 作为新兴的行业，也有行业规范。本章简要叙述了在 RPA 项目中需要注意的地方以及遵守的基础规范。遵守规范不仅能提高开发效率，而且能辅助售后的维护及迭代。

RPA 案例篇

第 9 章

RPA 在银行领域的应用和解决方案

随着科技水平的不断发展，经济的日益繁荣，很多需要到银行营业厅才能进行的操作渐渐转到了手机等移动端，这就促使银行采用更加快捷与便利的服务方式来满足客户的需求。然而现在很多银行的业务或者流程还在依赖传统的方式与方法，这就导致了时间成本与人力成本的浪费。加之互联网金融行业不断发展壮大，银行面临的困难愈加明显。银行只有实现更加智能化与信息化的工作流程，才能在激烈的竞争中立于不败之地。随着银行业务的快速发展，银行业正在向转型创新的关键时期迈进。有效地节约成本、提高运营效率是各大行在激烈的市场竞争中胜出的关键所在。RPA 作为一种能够模拟人工执行重复工作任务的非侵入式部署自动化技术，在企业内部节能、释放人力、降本增效、降低人因风险等方面成效显著，因此深受银行业的喜爱。目前，RPA 在银行领域涉及的业务包括财务会计、人力资源、渠道运营、信用卡业务、个人业务、资产负债、资产托管、智能银行等。RPA 的出现恰恰解决了现阶段很多银行固有的问题，完美地契合了银行业务的发展。

9.1 银行业务现状分析

中国银行金融体系分别有中央银行、银行业金融机构、监管机构、民营银行和其他的金融机构等。各大银行有所不同，但大致还是一样的。

银行业务大致分为 3 类——资产业务、负债业务和中间业务。

1. 资产业务

资产业务是指商业银行吸收资金运作并赚取利息收入或投资收益的活动，主要包括贷款业务、贴现业务、投资业务和同业拆出业务等。

2. 负债业务

负债业务是指商业银行凭借金融牌照合规借入拥有使用权的资金的行为，主要包括存款

(储蓄)业务、同业拆入、发行债券业务等。

3. 中间业务

中间业务指商业银行利用自身的网络、信息、信用或者牌照优势,为客户提供中介或代理的角色,通常实行有偿服务,主要包括担保、代理、顾问、收付款等业务(也可以称为非利息收入的业务)。简单地说,客户在商业银行被收取的一切费用均为中间业务收入。

基于以上 3 种业务,银行的利润主要由存贷息差和中间业务收入构成。截至目前,存贷息差仍是银行主要的利润来源,但中间业务收入占比也在随着利率市场化改革的推进逐年上升。

对于利润,这里需要特别指出的是美国知名投资人沃伦·巴菲特的一句名言——银行业的核心竞争力是低资金成本。需要指出的是,不同的银行获得资金的渠道不同,派生方式不同,导致其资金成本也不同。因此,我们不能简单地将一家银行的存贷息差作为银行利润进行分析。

经过对银行现有业务进行分析,再结合整个银行业的现状,不难发现,传统的银行业具有如下痛点。

- 合规风险:也就是数据报送对准确性、及时性、业务操作的合规性要求较高,如果人工处理,难免出现错误。
- 系统断层、信息孤岛:银行内部业务系统大量分散,缺乏系统集成或整合。
- 运营成本高、效率低:中后台成本中心同质化业务岗位多,大量重复低效操作。
- 基层员工流失:基层业务繁忙,基层员工压力大,同时简单重复的工作使员工感到乏力,从而造成基层员工流失。

9.2 RPA 在银行领域的应用场景

下面介绍 RPA 在银行领域的几个应用场景。

1. 银行信用卡处理

以前银行会花费几周的时间、动用大量的客服来验证和批准客户的信用卡申请。漫长的等待时间与查询骚扰常引发客户的不满与牢骚,有时甚至导致客户取消申请请求。但是在 RPA 的帮助下,银行能够加快信用卡办理速度。RPA 软件只需几个小时即可收集客户信息,进行信用检查、背景检查和收入核查,并根据客户的征信做出是否发放信用卡的决定。

2. 银行抵押贷款处理

不同银行的审核与放款速度不同，通常而言，银行完成抵押贷款需要 15～30 个工作日。对于急需用钱的客户，这是漫长而又焦急的过程，因为申请必须经过各种检查（如信用检查、征信检查等），而来自客户或银行方面的轻微数据误差与错误，就有可能导致该流程延迟甚至取消。借助 RPA，银行可以根据设定的规则和算法加速该流程的完成，并突破流程延迟与数据准确的瓶颈。

3. 银行账户关闭流程

银行每月都会收到关闭账户的请求。但是有时银行工作人员人为操作会出现客户未提供操作账户所需的证明，也可以关闭账户的错误情况。考虑到银行每个月需处理大量的数据，人为错误的范围也会扩大。银行可以使用 RPA 向客户发送自动提醒，要求他们提供所需的证明。RPA 机器人可以在短时间内以 100%的准确度基于设置规则处理队列中的账户关闭请求。

4. 银行 KYC 流程

了解你的客户（Know Your Customer，KYC）是每家银行非常重要的合规流程。KYC 需要 150～1000 个 FTE 对客户进行检查。据汤森路透的调查，一些银行每年至少花费 27.8 亿元用于 KYC 合规。考虑到流程中涉及的成本和资源，银行现在已经开始使用 RPA 来收集客户数据，对其进行筛选和验证。这有助于银行在较短的时间内完成整个流程，同时最大限度地减少错误和人力成本。

5. 银行验证与总账

银行必须确保其总分类账更新所有重要信息，如财务报表、资产、负债、收入和支出。该信息用于编制银行的财务报表，然后由公众、媒体和其他利益相关者访问。考虑到从不同系统创建财务报表需要大量详细信息，确保总分类账没有任何错误非常重要。RPA 的应用有助于从不同系统收集信息、验证信息并在系统中进行更新而不会出现任何错误。

6. 银行报告自动化

作为银行日常工作的一部分，银行必须准备一份关于其各种事务的报告，并将其提交给董事会进行汇报。考虑到报告对银行声誉的重要性，确保报告没有任何错误与时间误差显得非常重要。RPA 可以从不同系统收集所需信息，验证信息的准确性，以设定的格式排版信息页面，帮助银行生成数据报告。

9.3 RPA 银行领域解决方案

银行庞杂的中后台流程和相互之间很难互通的遗留系统，造成大量系统与系统、数据与数据之间必须通过人工协调的问题。这些高流量的、高重复性的、趋于风险和失误的流程非常适合应用 RPA。接下来针对银行领域几个常见的业务场景就如何用 RPA 作为解决方案进行分析。

9.3.1 部门筛选

针对一个非常复杂的流程做 RPA 规划是不合适的，因为全自动化一个复杂的流程，需要比较大的投入，如果将同样的投入用在完成其他多个流程的自动化上，则会更加高效。复杂度中低等的流程或子流程是 RPA 项目初期的最佳选择，企业可以在 RPA 成熟之后再着手扩展复杂的流程。从价值最高或构架最简单的部分开始，逐步加强流程的自动化程度。看待 RPA 的最佳视角是把它当作辅助工具，利用它完成基础流程的操作，使人力能有更多的时间和精力可以完成其他工作。RPA 软件机器人完全实现每一个流程可能需要较长的时间，项目应尝试通过渐进的方式加大流程自动化的比例。有些无足轻重的需求可能会导致流程的效率降低，这也是对 RPA 技术资源的一种浪费。如果 RPA 软件机器人做太多低效且无用的工作，占用其他重要流程的工作时间，反而会对业务流程产生不利的影响。例如，在采购系统的审批机制中添加提示功能，利用 RPA 软件机器人向提单人发送邮件，让提单人催促审批人尽快完成审批操作。如果提单人的时间比较紧迫，那么完全不用 RPA 软件机器人提醒，他也会主动催促；如果提单人的时间比较宽松，那么即使收到 RPA 软件机器人的邮件提醒，他也不会去催促。因此，让 RPA 软件机器人提醒提单人的功能就没有太大的实现意义。

在银行领域中，RPA 的应用场景很广泛，但并不是所有的业务场景都适合使用 RPA 来完成。企业想要部署 RPA 来提高员工的工作效率，首先应该了解 RPA、它的使用规则以及应用场景。

银行领域适合引入 RPA 的场景如下。

- RPA 适合高重复的工作，这样可以最大限度地节省时间，提高工作效率。
- 工作量巨大且有规则的业务场景。

9.3.2 流程挖掘及可行性分析

1. 流程挖掘

在流程挖掘前需要确定流程挖掘的组织、流程对标对象，以及流程挖掘的范围和内容。准备好后，通过以下步骤对流程进行梳理。首先对流程进行定义和识别，即确定流程的目标、流程所有人和流程的适用范围；其次定义流程的要素，包括流程的输入和流程的输出以及流程的前提和限制条件；然后对流程的现状进行分析，确定流程的关键步骤和改进方案，在这之后需要进行绩效设定和评估；最后编写业务流程说明书。

在流程挖掘过程中需要注意以下 4 点。

- 建立流程管理责任机制。根据部门管理职责，明确流程负责部门与岗位，建立业务流程管理责任机制。
- 梳理业务流程与管理制度。梳理业务流程，描述流程基本步骤、重大风险和关键控制措施，厘清规章制度。
- 流程建模与系统分析。应用业务流程管理信息系统，建立业务流程管理模型，进行流程要素的系统分析，完善主要业务流程。
- 规范业务流程管理文件。结合试点，协调各部门，按照统一规范，编写流程管理文件，修订完善规章制度，按公司规定审议批准后发布执行。

2. 可行性分析

可行性分析是通过对项目的主要内容和配套条件，如市场需求、资源供应、建设规模、工艺路线、设备选型、环境影响、资金筹措和盈利能力等，从技术、经济和工程等方面进行调查研究和分析比较，并对项目建成以后可能取得的财务、经济效益及社会环境影响进行预测，从而提出该项目是否值得投资和如何进行建设的咨询意见，为项目决策提供依据的一种综合性的系统分析方法。可行性分析应具有预见性、公正性、可靠性、科学性的特点。

在进行可行性分析时需要了解客户的需求，并且在此基础上提出若干不同的系统可能实现的方案，每种方案都需要从技术、经济、社会等方面进行调查研究和分析比较，以确定这项工程的可行性。在实施 RPA 项目的时候，为了验证项目是否可行，在可行性分析之后，通常还需要进行 POC，以确认 RPA 供应商满足客户的需求。

在进行可行性分析时需要注意如下内容。

- 必须明确对应的客户是谁并还原客户的使用场景。
- 分析产品给各方带来的利益冲突，确保各方能够接收、使用。
- 对整个流程进行推演，确保系统能够运转，提前识别风险项。

9.3.3 业务关联性分析

业务关联性反映了某个事物与其他事物之间相互依存的关系，而关联性分析是指在数据交易中，找到存在关联的业务，这样可以把整个项目更快理清楚，从数据集中寻找频繁项集，从频繁项集中生成关联规则。在政务领域关联性分析可以用到人口普查、医疗、人类基因组序列、政治数据迁移、报关管理、仓库管理等。理解组织的需求以及制定业务连续性管理方针和目标的必要性，实施和运行控制措施来管理组织应对中断事件的整体能力，监视和评审业务连续性管理体系的绩效和有效性，基于客观测量进行持续改进。

9.3.4 RPA 银行领域案例展示

1. 同业账户余额对账

同业账户余额对账是指银行在同业开立同业账户，并进行相应的放款、划转等动作。银行需要每天对账户余额进行核对，及时发现账务问题并处理，同时可以进行统筹管理。

业务痛点如下。

- 频繁操作多平台，获取账户余额需要登录数十家网银进行余额查询，并且需要和内部系统的账务余额进行对账，工作烦琐。
- 由于操作网银繁多，需要频繁插拔 U-Key、登录网银，查询余额需要消耗很多的时间和精力，工作效率低下。
- 工作附加值较低。余额对账是一项附加值较低，但又不得不做的事情，运营人员会花费大量时间在该项工作上，导致其他重要工作不得不向后延期。

从上述痛点我们可以了解到，通过人工进行同业账户余额对账，不仅会消耗大量的人力、财力，效率还十分低下。可以使用 RPA 机器人进行这一系列的工作，具体如图 9-1 所示。

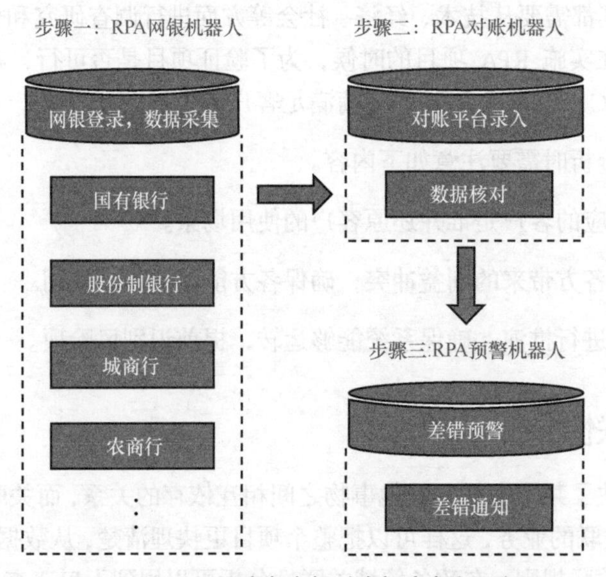

图 9-1 RPA 同业账户余额对账解决方案示意图

利用 RPA 机器人进行同业账户余额对账可以分为 RPA 网银机器人、RPA 对账机器人和 RPA 预警机器人 3 个部分。首先由 RPA 网银机器人负责网银登录和数据采集，采集的数据来自国有银行、股份制银行、城商行和农商行等；然后由 RPA 对账机器人负责对账平台录入和数据核对；最后由 RPA 预警机器人通知差错。

人工方式和 RPA 方式在效率、准确率和成本方面的对比如表 9-1 所示。

表 9-1　人工方式和 RPA 方式在效率、准确率、成本方面的对比

比较的方面	人工	RPA
效率	35 小时/月	7 小时/月
准确率	99%	100%
成本	长期性人员工资	一次性代码费用

2. 结算管理

案例：某大型集团提供第三方支付平台，收付款业务涉及银行等众多机构，很多银行并未实现银企直联，需要进行大量的账务核对、余额查询、首付款认领等。需要多人手动登录不同系统，获取不同数据明细等，以完成查询、匹配、核对、处理差异，人工处理导致业务效率低下并且准确率低。在不改变现有 IT 系统架构的前提下，为了加快集团的数字化转型、数据打通，提升系统的处理效能，建议通过"网银收付款自动化"进行业务流程优化和提效。

人工结算管理的痛点如下。

- 业务量大，人工操作烦琐，无法进行自动化。
- 人工判断和编辑数据，对产出质量稳定以及准确的输出结果存在较大挑战。
- 交易银行数量众多，银企直联接口研发周期较长，短期内无法进行集成。
- 数据来源多，数据格式不统一。
- 涉及业务频次较高，长期重复相同工作，人员流动较大。

网银收付款自动化流程包括 RPA 付款流程和 RPA 收款流程。下面分别介绍。

RPA 付款流程：首先人工提交付款申请，其次 RPA 机器人审批核对付款信息，选择付款方式，将款项支付至供应商，最后核销应付账款并记账。涉及现金支付、票据支付、银行支付、信用证支付等多种方式。RPA 付款流程如图 9-2 所示。

RPA 收款流程：首先 RPA 机器人拉取银行流水或回单，其次核实并认领收款业务，然后核对账务信息，最后由会计复核账目信息。RPA 收款流程如图 9-3 所示。

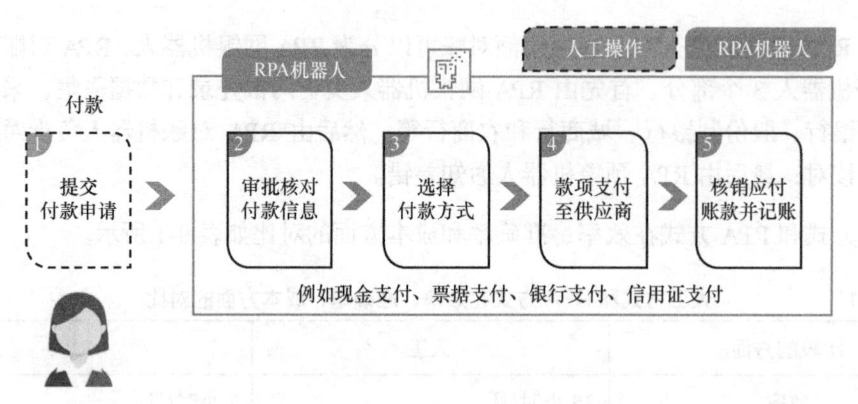

图 9-2 RPA 付款流程

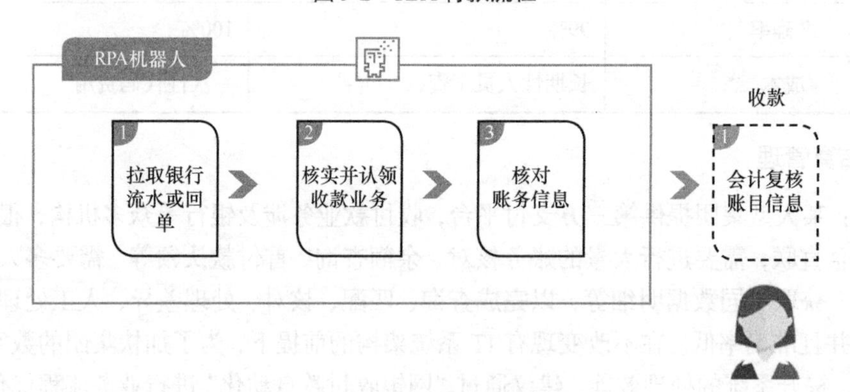

图 9-3 RPA 收款流程

采用 RPA 机器人前后效果对比如表 9-2 所示。

表 9-2 采用 RPA 机器人前后效果对比

比较项	采用前	采用后
耗时	一个月 3 家银行耗时 60h	一个月 3 家银行耗时 15h
人数	30	5

3. 现金实物运营管理

案例：银行金库的业务包括网点款箱调拨、ATM 加钞、上门收款、贵金属、卡盾、重证、同业等，虽然各个业务也有相应的 IT 系统，比如款箱物流系统、贵金属柜配套的系统、ATM 加钞管理系统，但是所属业务发展的不同阶段，基本上一套 IT 系统对应新增一个业务产品，一般需要重新引进厂商开发一套系统。这样造成各个系统各自为政，跟总行其他核心系统对接也非常困难。

现阶段，各商业银行都在建设智慧金库。所谓“智慧金库”，就是在信息化、自动化、智慧化 3 个层面做建设。其中，信息化主要解决横向集成、打破信息孤岛的问题，实现流程作业无纸化、全流程的目标。RPA 作为有规律、重复性、跨系统的工作流程自动化工具，在智慧金库场景中有很大的应用前景。

智慧金库建设痛点如下。

- 业务系统分散：金库内部信息系统多、建设时间跨度长，业务系统分散，形成信息孤岛。
- 重复性工作多：金库存在大量审批、账务核对等重复性工作，劳动强度大，且容易出错。
- 特色业务开展困难：总行将信息系统权限上收，导致下属分行（特别是五大行的省级分行）开发金库特色业务系统困难。
- 工作强度大：金库内部数据搬运、统计分析停留在人工阶段，工作强度大。

IT 系统（如图 9-4 所示）**现状**：业务系统分散、操作复杂、信息源少等原因导致人工操作数据工作量巨大。

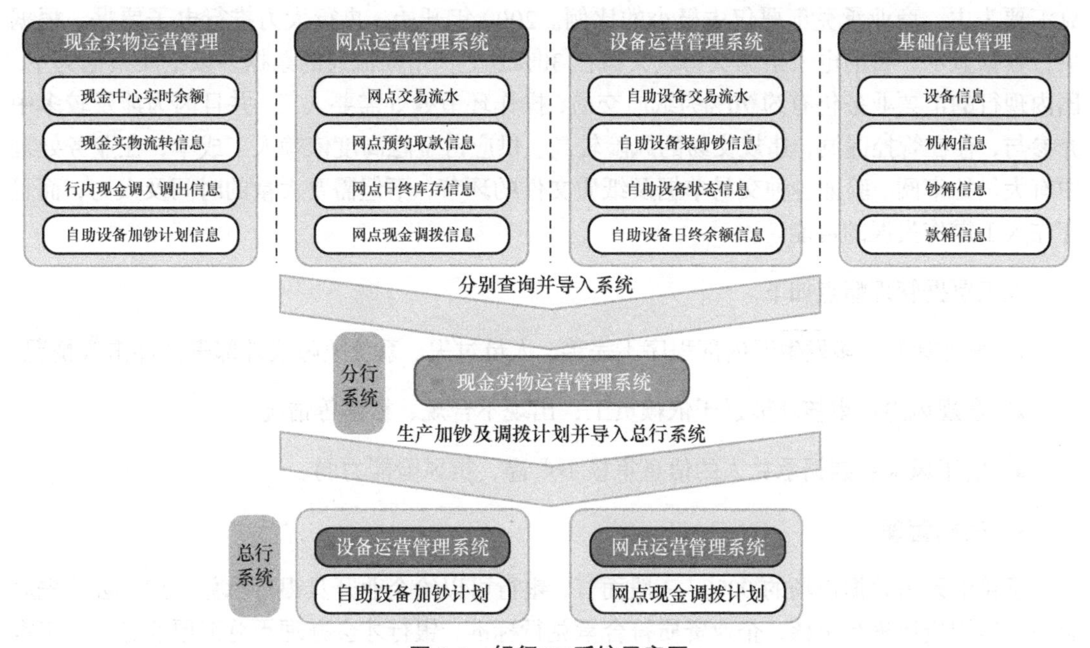

图 9-4 银行 IT 系统示意图

仅总行设备运营管理系统数据采集一项，采用 RPA 进行自动化处理之后，就比人工处理的效率提高 400%。RPA 机器人一键运行登录、导出、整理模板、导入、检查功能。

RPA 机器人操作具体流程如下。

- 登录设备运营管理系统。
- 输入一定的查询条件，将自助设备交易流水信息导出到 Excel 文件中。
- 输入一定的查询条件，将自助设备装卸钞信息导出到 Excel 文件中。
- 登录网点运营管理系统。
- 输入一定的查询条件，将网点日终余额信息导出到 Excel 文件中。
- 登录现金实物运营管理系统。
- 逐个导入保存的 Excel 文件。

采用 RPA 前一次例行工作耗时 32 min，采用 RPA 后只需要 5 min。

4. 票据管理

案例：票据是指汇票、本票、支票。票据是一种重要金融工具，具有交易、支付、信用等多重属性。票据业务主要为承兑、贴现、转贴现、再贴现和回购，当前汇票业务以银行承兑汇票为主，商业承兑汇票仅占极小的比例。2009 年开始，央行大力推行电子票据，根据央行数据显示，目前电子票据交易量大概在 30%以上，市面流通的票据多以纸质票据为主。国内现行的汇票业务仍有约 70%为纸质交易，操作环节处处需要人工，并且因为涉及较多中介参与，存在管控漏洞，违规交易的风险较高。供应链金融高度依赖人工成本，在业务处理中有大量的审阅、验证各种交易单据及纸质文件的环节，不但需要大量的时间及人力，而且存在人工操作失误的可能。

人工票据管理痛点如下。

- 操作风险：多发生于内部程序不完善、人员过失、系统故障或外部事件冲击等情况。
- 合规风险：审核环节过于依赖员工，出现不合规、松懈等情况。
- 信用风险：票据承兑人的信息审核不严谨，抗风险能力弱。

1）票据管理

承兑汇票占票据市场的 90%。一般而言，银行可以给企业开具银行承兑汇票，必然先对企业的信用资质进行审核，企业资质符合承兑行标准，银行才会办理承兑汇票业务。人工审核会因为看错、填错等人为因素导致给抗风险能力较弱的企业开票，用 RPA 可以保证客户信息整理合规无误，无人为影响因素。如图 9-5 所示，票据管理可以通过 RPA 实现人机协作，以此简化流程并提高效率。

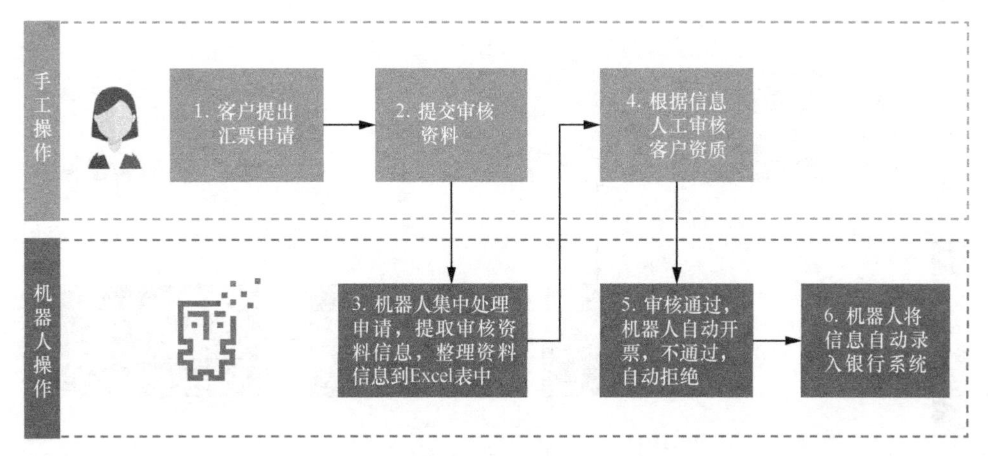

图 9-5 票据管理

2）汇票托收批量审批

一般将银行承兑汇票到期日前 10 日的汇票发出托收申请，将银行承兑汇票由库存状态转为发出托收状态。操作员需要对客户提交的托收申请书进行严格审核，其中审核的工作量大、效率低，可以借助 RPA 的能力协助操作员完成审核工作，如图 9-6 所示。

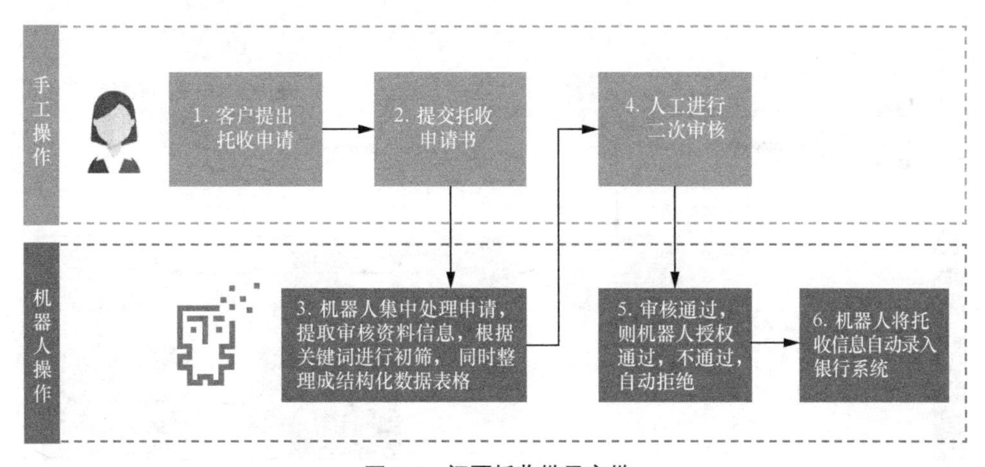

图 9-6 汇票托收批量审批

3）承兑汇票贴现

承兑汇票贴现是指贴现申请人由于资金需要，将未到期的银行承兑汇票转让给银行，银行按照票面金额扣除提现利息后，将余额付给持票人的一种融资行为，如图 9-7 所示。自从央行构建了电子商业汇票系统（Electronic Commercial Draft System，ECDS）后，如今电子票据占整个票据的约 30%，但由于商业银行人员操作和审批不严格可能导致利用伪造的证件接入电子票据系统，RPA 机器人的出现，能够避免人工操作带来的潜在风险且效率更高。

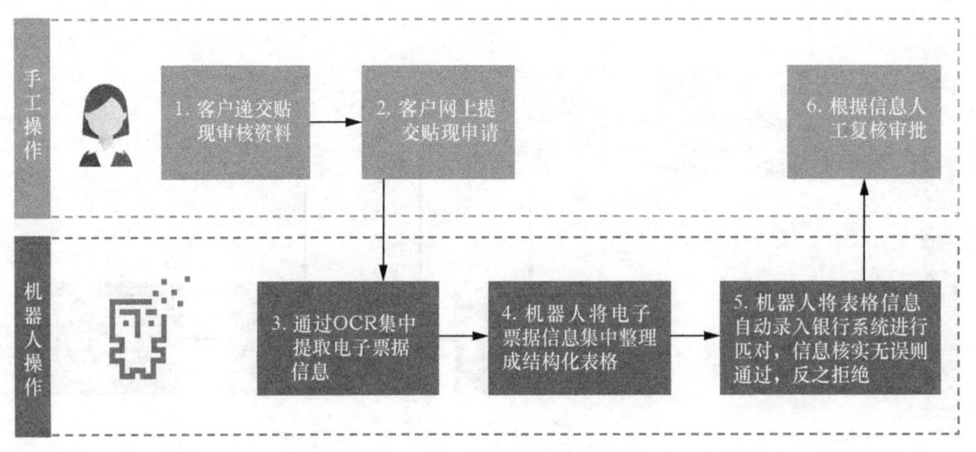

图 9-7 承兑汇票贴现

4）纸质票据数字化

纸质票据全面实现数字化识别、存储、网络化共享、可视化查询已成为银行实现智能化的重要一环，带动了银行工作的全面电子化变革。传统的纸质票据通过 OCR 变成电子票据，可以实现数据信息的全流程、全链路和全自动化处理，如图 9-8 所示。

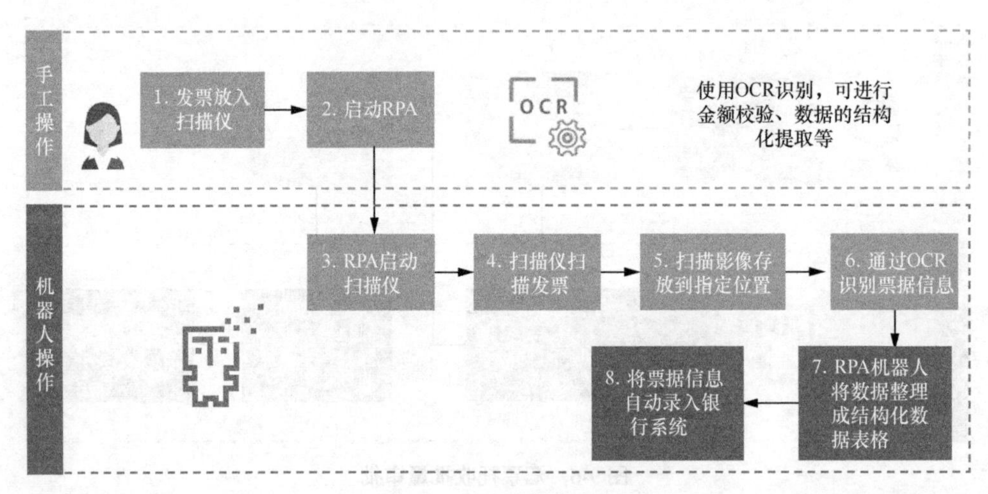

图 9-8 纸质票据数字化

5. 对公账户开立及报备

案例：为了落实党中央、国务院"放管服"改革要求，优化营商环境，企业在银行开立、变更、撤销基本存款账户和临时存款账户，由核准制改为备案制，银行不再核发开户许可证，大幅度缩短开户时间。

开立企业基本存款账户时，事先核准改为事后报备，且要求在当日内完成报备，对时效性要求极高。银行业务人员需要全程手工操作完成，过程中需要对申报企业进行征信查询，通过征信结果反馈进行人工录入资料和开立账户以及最后归档，过程中需要跨多个内外部系统，操作烦琐耗时，且银行会对报备错误予以处罚。使用流程机器人不需要手动完成操作，在减少人力的同时提高了报备的正确性。关于对公账户开立及报备，使用流程机器人前后对比如图 9-9 所示。

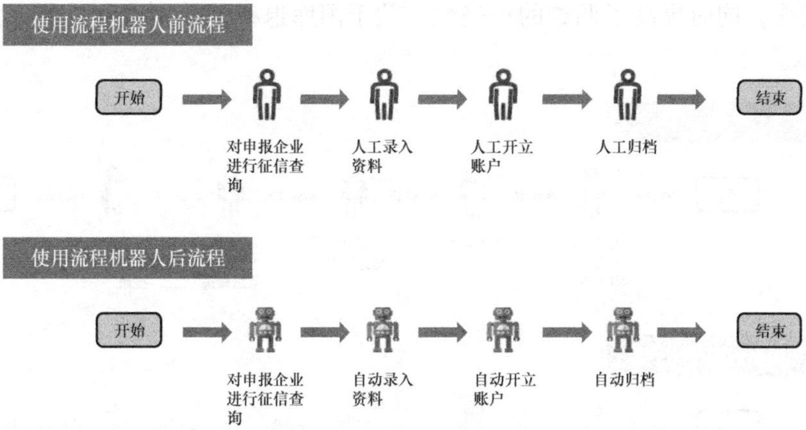

使用流程机器人前流程

开始 → 对申报企业进行征信查询 → 人工录入资料 → 人工开立账户 → 人工归档 → 结束

使用流程机器人后流程

开始 → 对申报企业进行征信查询 → 自动录入资料 → 自动开立账户 → 自动归档 → 结束

图 9-9　对公账户开立及报备

6. 信用卡发卡个人信用调查

案例：对申领信用卡的个人信用情况进行调查，除需要通过行内系统进行查询以外，还需要根据行内总结的规则自行判断个人资料的可靠性，每笔审核耗时长，对可靠性规则的执行情况因人而异，存在错漏。使用流程机器人无需人工操作，同时提高了调查的正确性。关于信用卡发卡个人信用调查，使用流程机器人前后对比如图 9-10 所示。

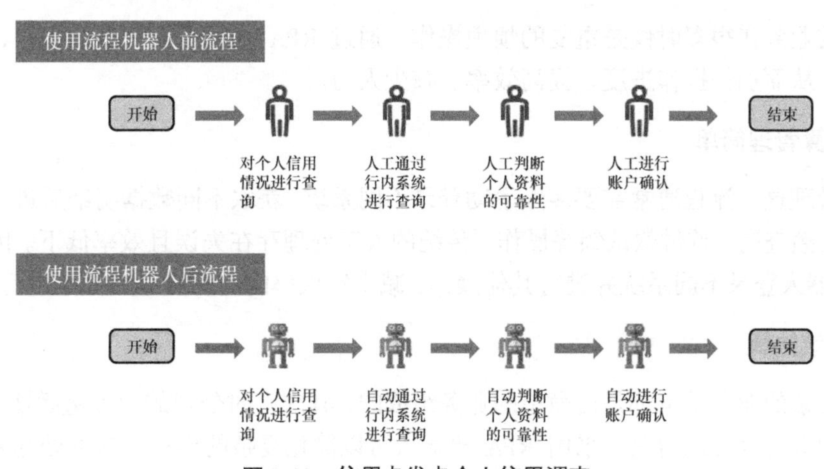

图 9-10　信用卡发卡个人信用调查

7. 国库退税

案例：依据国家减税降费政策，银行需要协助税务部门完成小微企业的退税工作。但目前依靠人工手动操作，每笔凭证录入至少耗时 5 min；并且在短时间内完成如此大量的退税工作，给营业时间内的代理支库系统带来了极大的压力。无需改造银行现有系统，流程机器人可以直接接管整个内部查验、外部查验和可靠性规则查验过程。流程机器人无需人工操作，同时提高了调查的正确性。关于国库退税，使用流程机器人前后对比如图 9-11 所示。

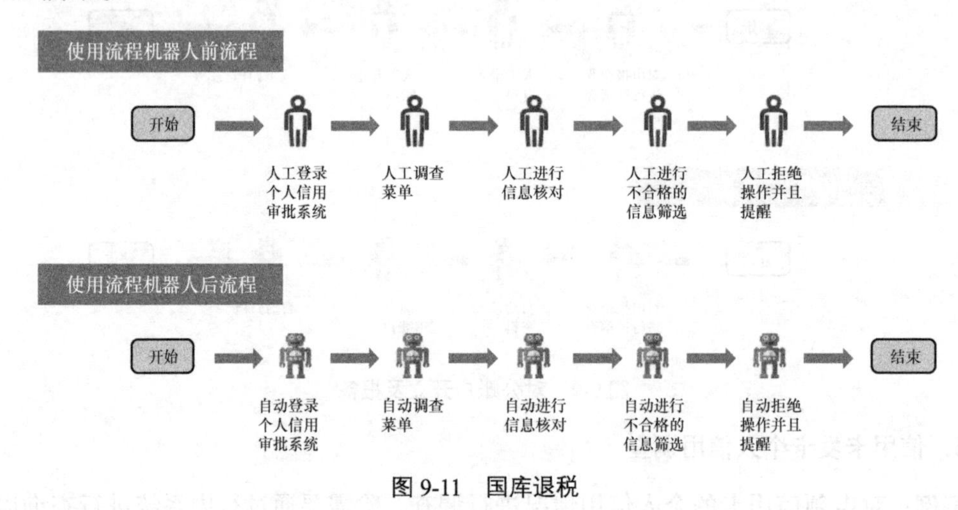

图 9-11 国库退税

9.3.5 RPA 在银行领域的六大优势

1. 简化业务

银行的业务在很多时候是重复的烦琐操作。通过 RPA 代替重复一致的操作，这样可以简化操作，从而加快操作进度，提高效率、减少人力。

2. 结算管理简单

结算管理这一流程通常需要多人手动登录不同系统，获取不同数据明细后进行大量的账务核对、余额查询、首付款认领等操作。传统的人工处理存在失误且效率低下。因此可以采用 RPA 机器人登录不同系统并进行其他操作，减少错误率的同时可以更好地进行结算管理。

3. 高效快捷

首先复杂的业务基本都是由简单的业务组成的；其次有时公司的业务量激增，会出现大量业务堆积等待处理的情况。采用 RPA 机器人可以简化复杂的操作，帮助处理大量订单，既提高了工作效率又节省了人力。

4. 准确性高

人工的银行业务处理需要小心谨慎，尤其是面对大量重复性工作时，更应该仔细处理，但出于种种人为原因仍然无法避免失误的出现。而 RPA 机器人不会因为这些因素而影响工作，所以它可以提高数据的准确性。

5. 提高员工工作效率

银行若要在实际案例中获得 RPA 的最大效益，就要进行一线流程分析和桌面级工作标准化，而这些流程化和标准化的工作又提高了员工的工作效率。

6. 易上手

RPA 机器人安装在员工计算机桌面上，而且操作简单，使用者很容易上手。

9.4 本章小结

银行的业务是相当耗时耗力的，且银行业是一个强规则的领域，该领域内很多事务和报告流程大多是可重复的、有规律可循的，因此易于实现流程自动化。在具体的决策过程中，相对标准化和可重复的规则活动都可以应用 RPA 技术予以实现。

尤其把银行领域相关的输入-处理-决策-输出的流程进行分析、拆解，再用机器人软件模拟人的操作，把原本要在各种软件平台——包括银行业务系统、ERP 软件、报表软件，甚至是客户关系管理（Customer Relationship Management，CRM）软件上需要人力完成的填写、报送、执行命令、菜单单击、输出报表等动作交由机器人来完成。

第 10 章

RPA 在保险领域的应用和解决方案

第 9 章对 RPA 在银行领域的应用进行了详细讲解，本章介绍的保险领域的应用也包含银行领域。随着经济不断发展，人们对很多产品进行了保险投资，以此保障自己的利益。投资越多，意味着保险公司的业务越繁忙，有些业务需求无法及时处理。这时 RPA 能处理相关的业务流程，以提高保险公司的业务效率。本章将介绍保险业务现状、RPA 在保险领域的应用场景及 RPA 保险业解决方案。

10.1 保险业务现状分析

随着社会总体消费水平持续提高，公众风险保障理念逐渐加强，这客观上为保险行业的发展提供了有力支撑。2018 年以来，我国保险行业由高速增长期迈入转型期，由追求粗放型的规模增长向着眼精细化的高质量发展转变，加速业务结构的优化，逐步回归价值增长和保障本源。监管规则的修订、资金运用风险的增加、国际会计新准则的实施、金融科技的革新等，无不对保险公司的财务、投资、精算与风险管理等工作提出了更大的挑战。

保险公司在运营业务上有以下特点。

- 产品多：基本养老保险基金、企业年金、职业年金、养老保障产品、保险资管产品、保险和银行委托投资等。
- 角色多：账户管理人、受托人、投资管理人、委托人/代理人等。
- 监管机构多：人社部、人民银行、银保监会等。
- 标准化流程：各类管理办法、操作细则明确规定作业流程，整体工作的标准化程度较高。
- 周期性重复：每个会计周期（日、周、月、季、年）作业内容高度相似，工作重复性强。

- 数据源整合：需要结合多个独立数据源进行处理、验证、导入生成业务流，保障作业的准确性。

角色多意味着内外部沟通交互多，时效性要求高；监管机构多意味着对数据合规性的要求较高；产品多会带来很多重复性的工作。另外，作业时间比较集中，容易导致员工在某一段时间内很忙的情况。

如何在创造有活力且高增长业务的同时管理风险并降低成本，是目前保险行业面临的重要难题。在这样的背景之下，保险公司的员工却受到很多规则性的、高度重复烦琐的工作所困，不能从事更有价值的、发挥个人创造力的工作。为此，RPA为保险公司带来了很多好处和机遇。

例如，在传统的保险理赔处理场景中，接收、验证和批准保险理赔需要几天的时间。如果需要验证保险的资料等数据，则需要花费更长的时间，当客户详细信息不正确或财务数据不匹配时，必须花费更长的时间对其进行额外检查与审核。整个保险赔付过程既枯燥又费时，也可能由于时间太长导致客户体验差而流失客户。

RPA则可以完美地解决这些问题，它可以帮助保险行业降低运营风险，改善客户体验，甚至可以释放保险企业20%~30%的人力资源。加快流程的处理速度，减少流程耗时，利用自动化提高部门的整体绩效和可靠性。

10.2 RPA在保险领域的应用场景

本节梳理了保险行业在承保、理赔、核查、客户服务、产品和渠道等版块的主要业务场景。我们可以将这些具体的业务场景按照RPA高适用性（优先实施）、RPA一般适用性（后续实施）以及非明显适用进行分类，进而帮助公司挖掘保险行业的自动化机会。

保险行业存在产品及渠道相关流程的步骤多且相对复杂、烦琐。根据不同流程的不同情况，RPA的适用性及预期投资回报有高有低。

保险行业中产品和渠道的主要业务场景及RPA适用性如图10-1所示。对产品范畴中的业务价值、经验分析和产品分析，渠道范畴中的竞品分析和舆情分析来说，RPA的适用性较高，可以优先实施；对产品范畴中的审批和产品推介，渠道范畴中的营销活动、营销活动介绍和收集竞争对手信息来说，RPA的适用性一般，可以后续实施；对产品范畴中的产品开发、评级和定价，渠道范畴中的渠道引入及评估、营销活动效果回访和广告投放来说，RPA的适用性不明显，可以暂且不实施。

保险行业中客户服务的主要业务场景及RPA适用性如图10-2所示。对产品介绍、客户咨询应答、客户信息管理、客户忠诚度分析、客户利润分析、客户满意度调查、信用管理与控制、客户未来分析、保费催缴、保单检索及确认、派单和监控出险处理进度来说，RPA的适用性较高，可以优先实施；对收集客户需求、收集竞争对手信息、营销活动介绍、客户跟踪和回访、保单业务回访、出险处理回访、投诉受理及处理以及赔付信息反馈来说，RPA 的适用性一般，可以后续实施；对营销活动效果回访、客户关怀和接客户报案来说，RPA 的适用性不明显，可以暂且不实施。

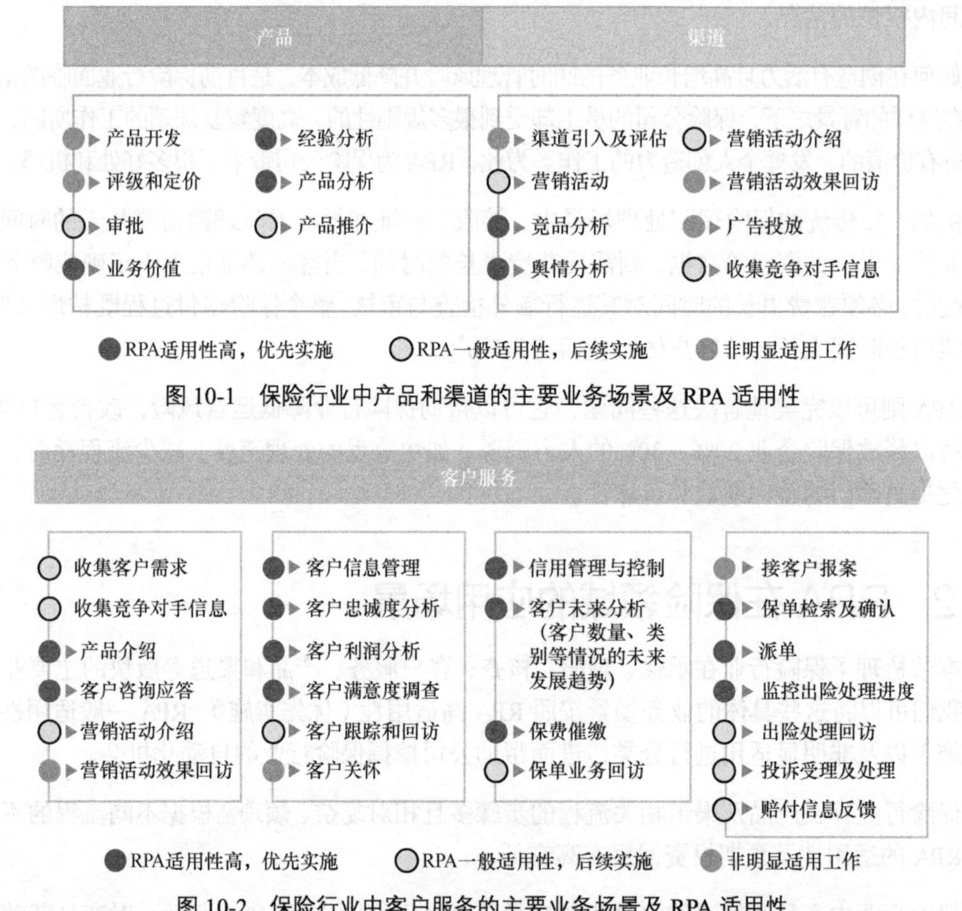

图 10-1 保险行业中产品和渠道的主要业务场景及 RPA 适用性

图 10-2 保险行业中客户服务的主要业务场景及 RPA 适用性

保险行业中承保、理赔与核查服务的主要业务场景及 RPA 适用性如图 10-3 所示。对承保范畴中的核保及录单、外勤审核、批单、出单、业务补录，理赔范畴中的保单信息核实、出险信息记录、出险信息分析、生成赔付信息、凭证收集、赔付信息审核、凭证审核、支付，核查范畴中的档案管理、单证保管、知识库管理、保单定期核查、理赔案件定期核查和统计分析来说，RPA 的适用性较高，可以优先实施。对承保范畴中的客户填写保单、续保、手续费管理，理赔范畴中的定价与计量、理赔关闭，核查范畴中的内部监管部门核查来说，RPA 的适用性一般，可以后续实施。对承保范畴中的保费收取，理赔范畴中的接收报案派单、事故调查、勘测、欺诈管理、诉讼管理，核查范畴中的外部监管部门核查来说，RPA 的适用性不明显，可以暂且不实施。

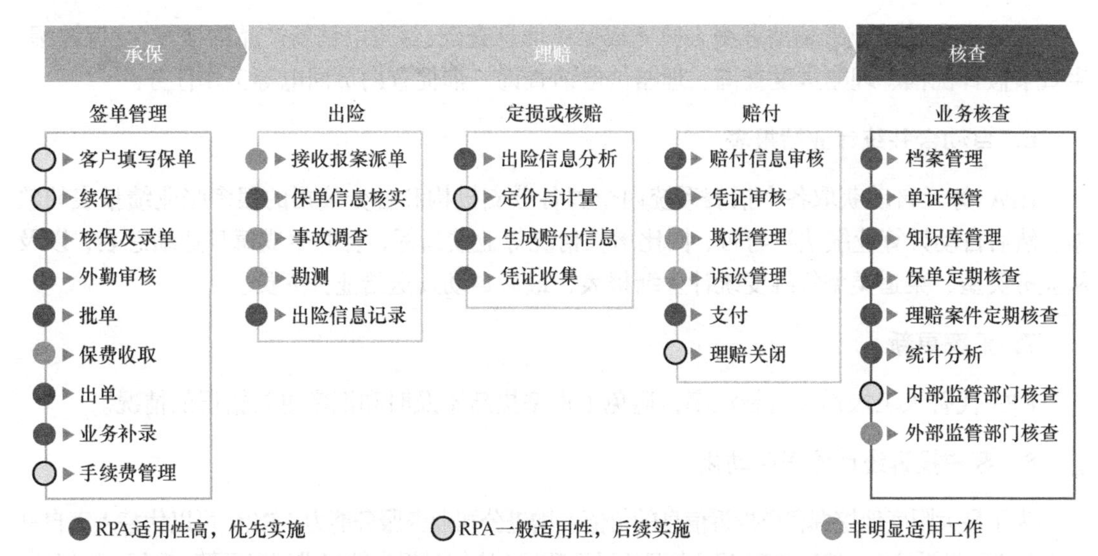

图 10-3 RPA 在保险行业承保、理赔、核查过程中的主要业务场景及 RPA 适用性

RPA 在保险领域的应用场景如下。

1. 新增保单

可以使用 RPA 收集不同来源的数据（比如投保人的身体健康数据）以准确评估与保险单相关的任何风险，并自动录入新增保单。从保单初始报价到报价通过，再到协作产品商务核实最终条例生成承保单的过程中有许多需要比对、对接的工作。部署 RPA 后，RPA 机器人成功代替人工，缩短 70%的处理时间，提升业务响应速度，减少错误投诉。并且 RPA 可以完成重复数据整理、清理和中英文自动转换等工作。

2. 理赔注册和理赔数据更新

理赔过程是文档和数据密集型的，并且需要从多个来源收集信息，比如，投保人的身份证明和理赔材料（医院诊断书、费用清单等）。这个过程冗长且耗时，从而影响客户体验和保险公司的竞争优势。这些工作都可以交给 RPA 来完成。

3. 自动通知并移交任务

RPA 可以帮助保险公司自动通知负责调整理赔的人员，将理赔任务移交给理赔人员，并整合所有不同的理赔信息。这有助于加快保险理赔流程，改善客户体验并增加 ROI。

4. 自动估值和资金管理

RPA 每日对系统操作自动估值并进行数据校验，接入银行账户下载流水，并进行对账。

5. 客户服务

RPA 完全代替或者辅助客服人员完成保单信息查询、保险电销新产品的推荐、续保提醒、生日节假日祝福、理赔进度查询、理赔员电话查询、催促查勘员回电等工作任务。

6. 自动合并统计业绩报表

RPA 每天自动获取各个报表系统内全国各分支机构和各分公司的很多张业绩报表的数据，然后自动计算业绩达标与否、同比增长情况等业绩指标，合并生成每日业绩总表，以及从业务类型、渠道类型等维度统计业绩报表，最后自动发送给业务人员。

7. 汇率更新

RPA 代替人工操作去更新汇率，避免了汇率更新不及时和汇率更新错误的情况。

8. 客户投诉统计流程自动化

为了最大限度地挖掘客户投诉信息的价值、增进公司业务服务能力，RPA 可以代替人工自动收集客户的投诉信息，然后整理不同类型的投诉数据（比如对报表数据进行以预警、升级、投保地、出险地等为组别的分类统计），把汇总结果写入表格并保存在本地，然后发送给指定的业务人员。

9. 监管信息报送

在每个季度结束后，RPA 自动帮助风险部门的同事将监管信息报送的收集模板发送给对应的总公司业务部门以及分支机构的风险协调岗。到了规定的时间，RPA 会在系统中自动回收风险信息数据。只要设置一次，RPA 就学会了对收集的信息进行基础的格式校验和逻辑校验，同时还会把各家分支机构的数据进行汇总，整理成总公司的报送表格。在报送环节，RPA 会自动导入数据文件，打开转换工具，开始输入数据并且导出成监管要求的 XBRL 格式，然后自动登录监管上报的网站，完成上传、校验、确认 3 个步骤。

10. 信用额度核保处理

信用额度核保人要知晓国内外各行业经济形势以及客户历史信誉程度等因素，决定是否给予客户授信额度，RPA 代替核保人从各个数据来源收集信息，自动完成信用额度核保处理。

除上面已出现的场景以外，RPA 也能够实现其他流程较为烦琐的人机协作及自动化。

11. 总部受理流程

流程功能 自动读取待受理文件，然后受理申请业务，最后自动打印当天业务受理单。

流程简述 每日 8:30 启动业务受理，自动检查受理邮箱指定文件夹，一次性读取多封待受理邮件；按业务先后顺序，逐笔受理申请业务；若受理成功，邮件反馈申请人并登记受理日志，若受理失败，邮件反馈申请人；每次读取待受理邮件间隔 5 min 后，再轮询待受理邮件继续开展受理；每日 16:00 结束业务，邮件发送受理日志至复核岗，并批量自动打印当天业务受理单。

实施 RPA 前 平日里，人工每天处理 1～2 笔业务，每笔业务需要 1.5～2 min。总部每月受理约 350～400 笔业务，全年受理约 4500 笔业务。按每天作业 6.5 h 计算，全年耗时 1716 h，约为 214 人/天。

实施 RPA 后 两个月期间，总部共受理 926 笔业务，RPA 直接受理 78 笔，占比 8.42%，全年预计将节省 144～150 h，折合 18～19 人/天，且在逐步优化中。

12. 日终自动化估值

流程功能 不同产品组合自动执行估值操作，并将执行报告发送给业务人员。

流程简述 登录金融资产管理系统，例如赢时胜系统，进入“资产处理”页面；在“产品组合”区块分批选取需要日终自动化估值的组合，单击“资产估值核算”按钮，选择特定估值方案，单击“执行”按钮；监视“日志”区块，统计“成功”“失败”“警告”的组合数，并在每个区域单击“导出 Excel”按钮，保存文件到指定路径；重复以上流程直到所有待处理的组合处理完毕。

实施 RPA 前 平日里，人工每天处理 1～2 个组合，1 个组合需要 2 min。按每天作业 3.75 h 计算，全年耗时约 990 h，约为 125 人/天。数据中心取数时间为 0 点，该流程需要在 0 点之前完成，人工操作有时限要求。

实施 RPA 后 节省人力 100 人/天，节省 80%的时间，保证按时完成。

13. 受托人提取指令分拣

流程功能 转入转出单/申购赎回确认单发送。

流程简述 自动读取公共邮箱，将提取指令邮件中的附件打印至传真系统并录入组合等信息，提交审批，最后把处理完的邮件移动至该公共邮箱下指定的文件夹中，将处理结果和业务日志邮件发送给指定业务人员。

实施 RPA 前 平日里，人工每天处理 1～2 笔业务，每笔需要 2 min。周四和周五为业务高峰期，需要处理多达几十笔业务。总部每月受理约 400 笔业务，全年受理约 4800 笔业务。按每天作业 7 h 计算，全年耗时 1848 h。而且人工处理容易遗漏，Outlook 邮箱的登录人数有限制。

实施 RPA 后 一年能够节约 554.4 h，约 30%的时间。同时避免了遗漏的情况，机器人通过 API 读取邮件，不存在邮箱登录限制的问题。

14. 网银流水处理

流程功能 下载网银流水数据文件，自动将其转化为标准格式，最后通过转换平台完成网银流水文件上传。

流程简述 登录各托管行网银，下载受托户指定期间的网银流水数据；解析并转换网银流水数据文件，形成标准数据格式；通过邮箱将网银流水数据文件从外网传至内网；通过转换平台完成网银流水文件上传；通知业务人员机器人的处理过程及结果。

实施 RPA 前 平日里，缴费到账信息查询每日执行，日均耗时约 30 min，全年耗时约 105 h；网银流水上传每周及月初、月末执行，单次耗时约 1～2 h，全年耗时约 90 h。两项工作全年耗时合计约 195 h，约 37 人/天。

实施 RPA 后 两项工作全年耗时节省约 80 h，约 27%的时间，折算人力约节省 10 人/天。

10.3 RPA 保险领域解决方案

RPA 只适用于基于规则的重复性高的业务，因此需要对保险行业的业务进行详细的流程挖掘，从而分析 RPA 的可行性，如果可行性满足，那么会给保险领域带来很大的效益。

10.3.1 部门筛选

1. 关键评判依据

部门筛选是业务流程挖掘的第一步，是指按业务单元（Business Unit，BU）进行初筛，评估适合开展 RPA 业务的部门。部门筛选应考虑以下方面。

- 公司组织和业务架构。
- 各部门业务需求和业务痛点。

RPA 主要适用跨系统、跨平台、重复、有规律的工作流程。在这个过程中的关键评判依据如图 10-4 所示。

业务体量大且产品相对简单	信息孤岛：流程需要通过多个系统切换实现（数据来源于多个系统，缺乏系统整合）
大量人工操作：流程需要较多人工完成相同的作业任务（一般超过10人担任相同或相似岗位）	质量为核心：流程高度关注产出质量和准确率
流程高度标准化且有较大的可以通过精简流程或重置流程完成优化的空间	流程有明确的规则性，对于一些不明确的但有规律可循的规则，未来可以通过机器人学习实现（即IPA，第18章介绍）
稳定的环境：系统和组织架构在可预见的短期内不会有大的变化	极少出现特殊处理的流程（极少需要人为决定或人工干预）

图 10-4 关键评判依据

“业务体量大”和“大量人工操作”这两个评判依据是从企业的 ROI 角度来考虑的，如果一个流程运行的次数很少，那么对企业来说，专门为此开发一个自动化流程机器人是不经济的。RPA 旨在帮助企业降低运营成本和提高 ROI。

“质量为核心”则是考虑到客户的数据合规性要求，自动化流程机器人与人工操作相比，为数据的准确性提供了更高的保障，避免了人工因疲劳和粗心等问题导致的数据输入错误等。RPA 旨在帮助企业提高服务质量和降低错误率。

“信息孤岛”“流程高度标准化”“流程有明确的规则性”“极少出现特殊处理的流程”这 4 点则是从 RPA 的特点来讲的。RPA 可以联动多个业务系统，自动执行完成工作，消除信息孤岛，也可以串起一系列操作流程，实现流程再造。

“稳定的环境”是自动化流程机器人稳定运行的前提条件，系统设置、网络设置以及硬件设施的更换都可能导致其运行不稳定或者中断。

2. 部门筛选结果

在筛选部门以及初步锁定流程的时候可以参照上述评判依据。在保险行业，我们筛选出来的适合开展 RPA 的部门及其业务流程见表 10-1。

表 10-1 部门筛选

运营管理部	受托运营部	信息技术部	人力资源部	财务部	客服部	其他
确认单打印	政策文件下载	总部业务受理	薪资管理	差旅与报销	保单信息和理赔进度查询	监管信息报送
对账单打印	网银流水处理	桌面日常检查	员工数据管理	税务管理	保险电销新产品的推荐	信用额度核保处理
转入转出单/申购赎回确认单发送	外部账管回单导入	另类投后指令下发	采集面试候选人信息	资金管理	续保提醒和节日祝福	统计客户投诉信息
受托人提取指令分拣	自动合并统计业绩报表	受托管理报告下载	考勤	发票验证与核实	理赔员电话查询	汇率更新
日终自动化估值	自动通知并移交任务	周报表与月报表上传	离职	账单生产	催促查勘员回电	理赔注册和数据更新

10.3.2 流程挖掘及可行性分析

1. 流程挖掘

一般而言，流程挖掘可以分为图 10-5 中的 7 个步骤。部门筛选在 10.3.1 节已经介绍过，接下来将结合保险行业的具体应用场景来详细介绍业务流程挖掘列表、流程操作文档、流程复杂度分析、成本收益分析以及项目开发路线图这 5 部分的内容。

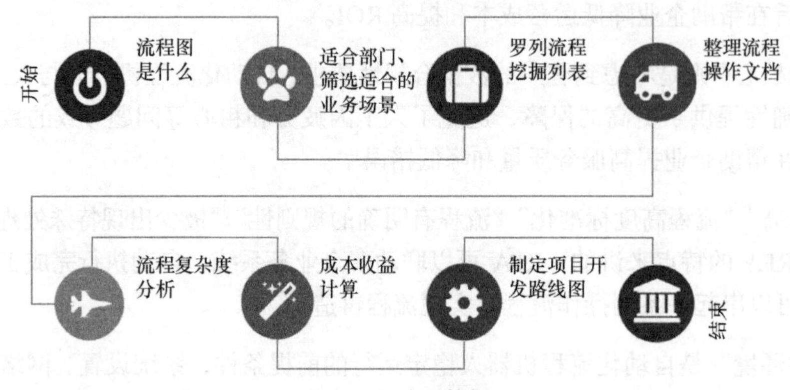

图 10-5 流程挖掘

1）业务流程挖掘列表

业务流程挖掘列表由客户详细填写，包含但不限于以下信息：流程名称（唯一）、流程所属部门、现有流程主题场景描述、现有全职人力工时（人/月）、单次操作时间（分钟）、重复量（次/月）、总操作时间（小时/月）、涉及系统、系统最近有无升级计划、初步判断可行性，以及开发优先级等。

要确保 RPA 实施人员在看过业务流程挖掘列表后可以清晰地明白目前的流程是什么、有关流程的一些人力和物力的投入，以及流程涉及的系统环境信息等。另外，需要和客户确认清楚系统升级对 RPA 项目的影响，这关系到 RPA 项目的可行性。

2）流程操作文档

流程操作文档的编写步骤如图 10-6 所示。

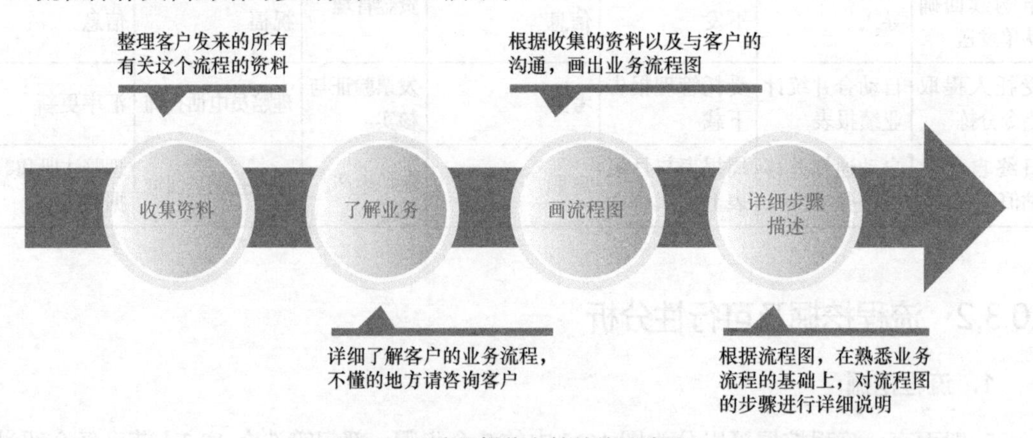

图 10-6 流程操作文档的编写步骤

流程操作文档由客户填写，RPA 实施人员审查。该文档包含但不限于以下方面的信息。

- 流程的基本信息：流程名称、业务场景描述、流程所在的部门、每月的人力投入、每月的业务重复量，以及所涉及的业务数据量。
- 流程图、流程步骤详细说明、使用的系统环境、与上下游流程的关联性、流程的起止点，以及术语解释等信息。
- 业务流程数据统计：流程名称、步骤数、现有人力投入（人/月）、执行时间（小时）、重复量（每月）、总耗时（小时/月）、预计开发时间（日/人），以及是否可行，如图 10-7 所示。

流程名称	步骤数（L4）	现有人力投入（人/月）	执行时间（小时）	重复量（每月）	总耗时（小时/月）	预计开发时间（日/人）	是否可行
日终自动化估值	60	2	5	10	50	7	是

图 10-7 业务流程数据统计示例

业务流程数据统计建立在已经详细了解客户业务流程操作文档的基础上，再次确认流程的具体细节和可行性分析，为后续为客户制定 RPA 解决方案提供足够的数据和信息支撑。

3）流程复杂度分析

流程复杂度分析可以但不限于从流程的执行步骤数、涉及的系统数、字段数、现有人力投入（人/月），以及现有人力成本（元/年）等角度进行判断。上述指标数值越大，意味着流程越复杂。

4）成本收益分析

实施 RPA 前后的收益对比如图 10-8 所示。

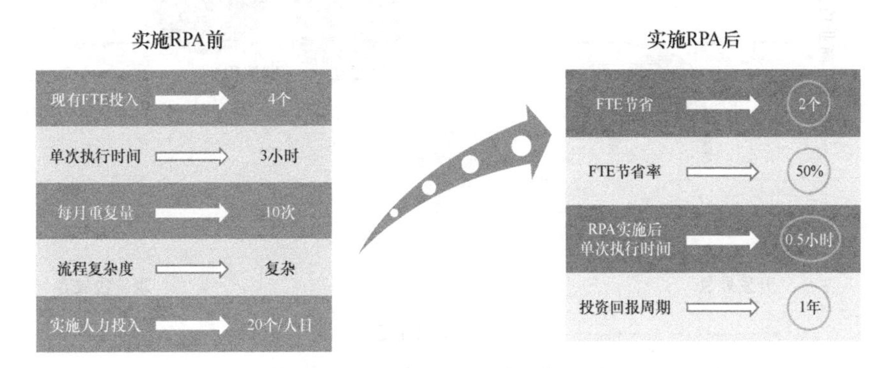

图 10-8 实施 RPA 前后的收益对比

一般来说，总收益和总成本的构成如图 10-9 所示。

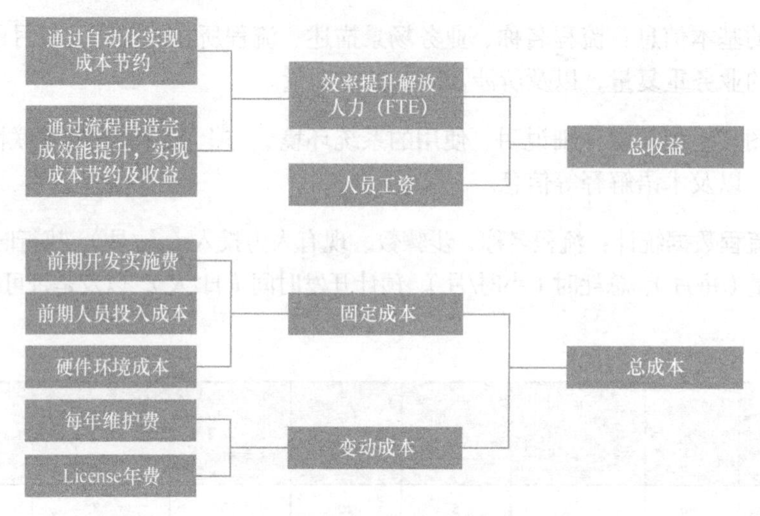

图 10-9 RPA 项目的总收益和总成本

5）项目开发路线图

按实施难度和商业价值为客户选定的流程分组，进行项目不同周期分类排期，合理安排资源。在分类排期时，要同时考虑所有流程，注意子流程之间的关联，例如某一个子流程的终点数据将会在另一个子流程运行过程中涉及。在实施过程中，优先考虑商业价值高且实施起来较容易的项目。另外，商业价值高和实施难度较大的项目则作为行业标杆项目，如图 10-10 所示。

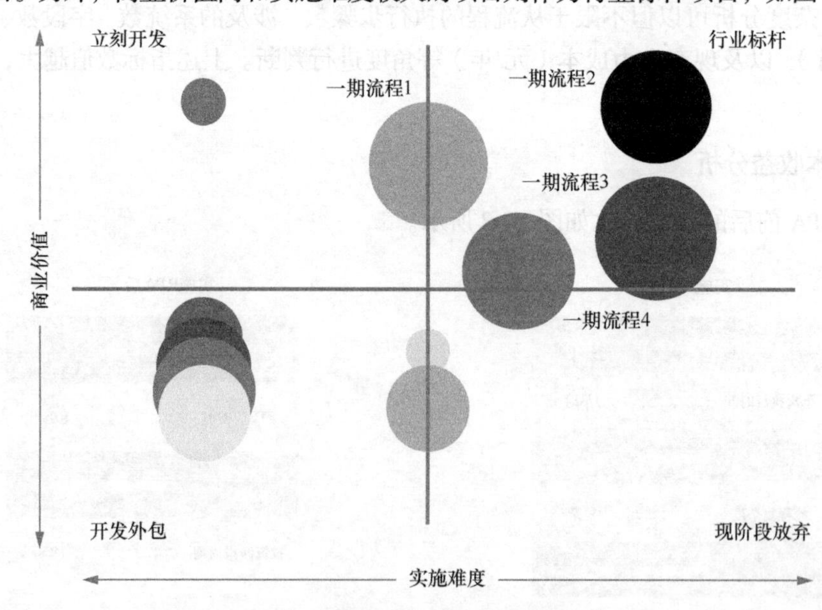

图 10-10 按流程分组进行分类排期

在分好组且确定好开发先后顺序之后就需要将开发人员和时间这两个因素考虑进来，制定项目开发路线图，如图 10-11 所示。

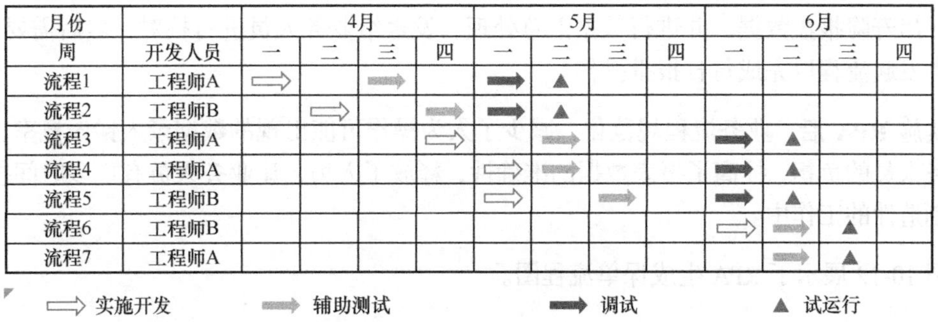

月份		4月				5月				6月			
周	开发人员	一	二	三	四	一	二	三	四	一	二	三	四
流程1	工程师A	⇨		➜		➡	▲						
流程2	工程师B		⇨		➜	➡	▲						
流程3	工程师A				⇨		➜			➡	▲		
流程4	工程师A					⇨	➜			➡	▲		
流程5	工程师B					⇨		➜		➡	▲		
流程6	工程师B									⇨	➜	▲	
流程7	工程师A										➜	▲	

⇨ 实施开发　➜ 辅助测试　➡ 调试　▲ 试运行

图 10-11　项目开发路线图

在图 10-11 中，辅助测试有两个阶段：第一阶段由工程师进行测试，第二阶段由客户协同进行测试。在测试之前要准备好测试用例及测试数据。

2. 可行性分析

可行性分析主要从 RPA 项目落地难度出发，分为流程稳定性、流程连续性、复杂性和异常、数据质量，以及安全合规性等。流程范围、流程步骤、业务逻辑、客户系统的变更都很可能会影响流程的稳定运行。

自动化流程的稳定运行取决于以下两个方面。

- 客户系统环境的稳定性，比如密码、版本、用户界面等。如果遇到系统无法整体回退恢复、数据库完全恢复时间太长的情况，也要特别注意。
- 目前流程的稳定性，比如流程步骤、业务逻辑、参与人员等。

以下情况则视为不可行。

- 涉及大量主观判断或者实物操作。
- 规则经常发生变化。
- 一旦流程出错，需要 IT、厂商紧急现场处理，人力成本和潜在损失不可控等。

另外，需要考虑使用的 RPA 产品是否有满足客户需求的组件，例如对 IE 浏览器是否有某些控件的支持。开发难度、人力成本以及流程运行不稳定带来的潜在损失都会影响我们对可行性的判断。

RPA 在保险领域的业务关联性分析可参考 9.3 节。

10.3.3 RPA 保险领域案例展示

实施 RPA 前 每天需要安排专职人员分别在上午和下午两个时间段在个险新核心业务系统导出寿险报盘数据，并进行数据汇总处理，发送给业务人员进行核对，然后需要在 OA 系统中发起流程以完成每日报批操作。

实施 RPA 后 业务流程规范化，减少了人为操作可能出现的数据录入错误概率，减轻了业务人员的负担，提高了报表数据的准确性，释放了人力，让业务人员有更多时间投入更富有创造性的工作中。

图 10-12 展示了 RPA 生成保单流程图。

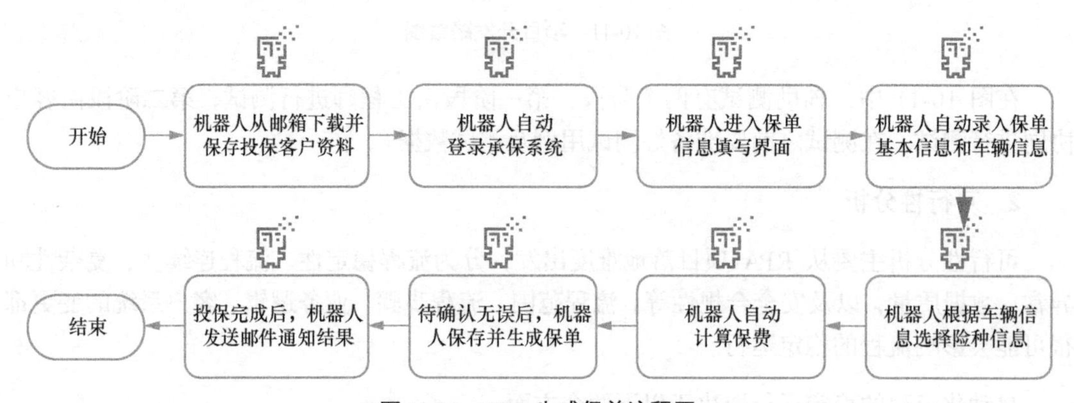

图 10-12 RPA 生成保单流程图

10.3.4 RPA 在保险领域的十大优势

1. 更快的理赔处理

理赔处理要求员工从各种文档中收集信息，并将该信息复制、移动到其他系统中。这是一个耗时的过程，会延迟客户提出理赔时所需的及时响应。“理赔自动化”的出现，使得员工只需单击一下鼠标，RPA 机器人就可以自己复制、移动理赔信息。

2. 更容易取消保单

由于必须与电子邮件、保单管理系统、CRM、Excel 和 PDF 等进行交互，因此取消保单的过程往往非常耗时。RPA 机器人可以同时切换所有这些交互，无需手动操作。

3. 简化新业务

有时公司的业务增长速度超过了自身的管理速度。RPA 机器人可以代替员工手动操作，简化新客户的跨部门数据移动。

4. 提高数据准确性

在执行大量重复性任务时，RPA 机器人不会因为疲倦、分神和其他不适而影响工作，可以提高数据的准确性。

5. 流程标准化

保险公司要想在实际案例中获得 RPA 的最大效益，首先要做的就是尽可能地将现有手工操作的流程标准化。一线流程分析和桌面级工作标准化决定着 RPA 能否顺利部署与实施。为了能更好地使用机器人，公司的业务流程不得不标准化，这反过来又提高了员工的工作效率。

6. 轻松过渡

RPA 机器人安装在员工熟悉的计算机桌面上，方便员工轻松了解和使用机器人的相关操作，迅速上手。

7. 低风险

新技术的出现总会带来风险。但是，与其他技术相比，RPA 的操作风险相当低。由于 RPA 的非侵入特性，关闭机器人不会损害到公司原有的核心保险流程。如果部署的 RPA 机器人只是负责数据的抓取和转录，那么它们不会妨碍到公司内部任何 IT 系统。RPA 机器人也不需要组织范围的变更管理，它只受个人用户桌面设置的影响。

8. 随时扩展

RPA 可以根据保险从业者的需求进行业务工作的扩展或缩小，从而确保提供服务的一致性以及运行效率。

9. 减少表格注册时间

RPA 可以将表格注册过程所需的时间缩短 40%，不仅可以减少保险领域工作量和运营成本，还可以节省时间和金钱，提高客户满意度。

10. 数据合规性

保险领域受到与文件和审计跟踪有关的严格规定的指导。烦琐且容易出错的流程的存在会成倍增加违反法规的风险，而 RPA 则可以完美地按照指示完成保险业务流程，并且时时保存凭据。维护完整的更改日志有助于通过内部审核定期监视法规遵从情况。

尽管 RPA 有很多好处，但必须记住，其有效性取决于认真实施。实施 RPA 时应遵循的经验法则是确保仅在涉及基于规则的重复性流程时才有效。人工判断的需求越少，该过程就越适合实施 RPA。

10.4 本章小结

本章主要介绍了保险业务现状、RPA 在保险领域的应用场景及 RPA 保险业解决方案。同时通过部门筛选、流程挖掘及可行性分析等内容介绍了行业需求实现方法。最后，结合具体的应用场景对比 RPA 实施前后的效果，让读者看到 RPA 为保险行业赋能后产生的效益。

第11章

RPA在政务领域的应用和解决方案

当前政务服务普遍面临着流程冗长、人员短缺、协同困难、交互渠道狭窄、决策质量不高等痛点。如何有效缓解人力资源局限，提升政务服务管理效能，切实为基层减负，实现以人为本，是当前各国政府所面临的共同难题。而RPA在政务领域的应用能够有效缓解人力资源局限，帮助政府解决这一难题。

11.1 政务业务现状分析

随着RPA在政务领域的发展，工作人员的工作效率得到大幅度提高。RPA在政务领域的宗旨就是快捷、透明、高效。和政务有关的工作，大部分是重复性劳动，工作人员需要花费大量时间来处理，传统的工作模式效率低，工作人员负担重，并且以往的政务解决起来进度缓慢，民众体验差，所以近些年来，通过互联网和政务结合建设，加快了政务的发展。

11.2 RPA在政务领域的应用场景

RPA机器人可以模拟并执行日常企业办公中员工通过计算机进行的几乎任何操作，比如收发电子邮件和下载附件、登录到网页或企业级应用程序、移动文件和文件夹、网络爬虫、连接到系统API、遵循if/then决策和规则，将数据提取出来并重新格式化为报告或导出到控制面板，从文档中提取结构化数据，收集社交媒体统计资料、数据合并、进行计算、复制和粘贴数据、填写表格、读写数据库等。现阶段，RPA已经被应用到各个行业中，它不仅适用于企业的财务、税务、合规、各行业相关的业务流程，还可以在人力资源、信息技术、供应链、客服中心的业务流程上迅速帮助企业实现智能自动化。RPA在政务领域的应用包括税务、养老保险、教育与科学、海关与边境等场景的应用，如图11-1所示。

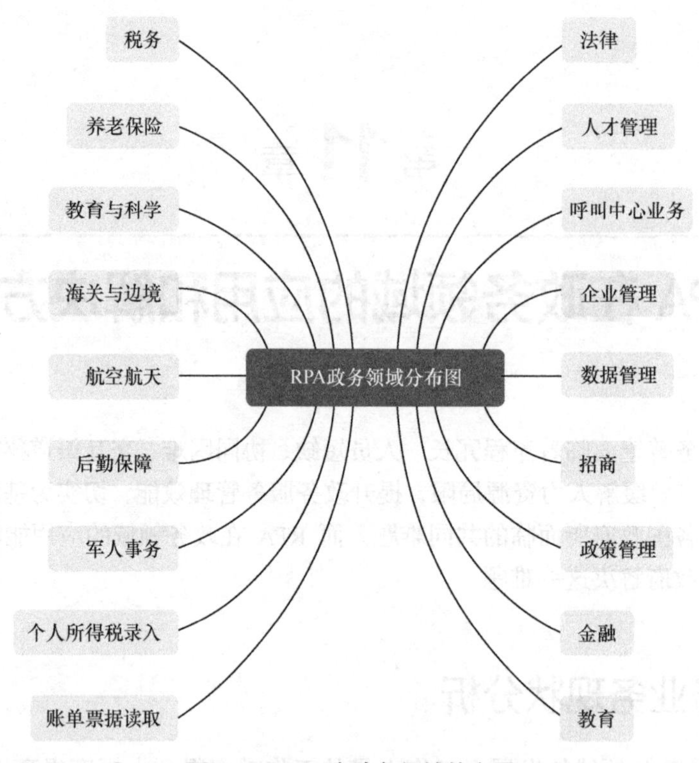

图 11-1 RPA 在政务领域的应用

接下来介绍 RPA 在政务领域的四大应用场景。

1. 审批端审核智能化

通过人工实现审批耗时又费力，而且受理很多审批的时间较长，尤其是在受理的高峰期，会导致审批受理进度过慢，从而影响用户对办事审批的满意度。当 RPA 应用到审批端审核时，它可以通过预定的规则进行判断，对于不符合审批条件的，及时告诉用户不符合的条件，对于符合审批条件的，及时帮用户推进流程。通过 RPA 可以实现机器人自动审核与查验的功能。从录入内容的完备性、一致性、合规性、真实性等方面进行智能化审核，将审批环节所花费的时间由原来的至少 12 天减少至 5 天。

2. 政务数据迁移

某网络理政平台使用 RPA 技术以后，使用堡垒机策略来处理内外网的数据迁移工作。在堡垒机上，RPA 软件机器人自动登录网络理政平台账号，将相关政府数据导出，经过录入员审核以后再将合规的内容导出给回访处理部门。同时监控回访处理部门的处理结果，抓取处理完成的结果，最后以邮件的方式发送给网络理政平台。基于堡垒机策略的 RPA 软件机器人方案可用于账户和密码的云账户管理，在内外网间安全地传输数据。录入员转变为审核员，进行数据审核的操作。部署 1 台机器人可以完成 5 ~ 6 人的工作量，有效提高准确率和效率。

3. 报关管理原始流程

RPA 报关管理机器人可以自动登录海关报关系统并进行报关委托操作。当然，报关流程很复杂，目前还无法实现全自动操作，但是其中一些环节是可以借助 RPA 实现自动填报的。例如，RPA 报关管理机器人可以从申领进口许可证的文件中获得进口口岸名称、备案号、进口日期、申报日期和许可证号；从合同中获得经营单位、合同协议号、数量、包装种类、毛重和净重；从租船订舱文件中获得运输方式和运输工具的名称；从保险文件中获得保额。然后，RPA 报关管理机器人将这些信息逐个填写进报关单中，统一交给审核人员进行审核。审核通过的文件将递交给海关相关部门，走报关申请流程。

4. 业务系统智能化升级

大型政企的很多业务系统较陈旧，智能化程度低，已经很难满足当前任务对智能化的要求。为了更好地解决这一问题，可以结合 RPA、NLP、OCR 等技术，构建自动化的 RPA 智能系统。通过内置的流程设计器来统一设计所需执行的流程，通过引入 OCR、NLP 等人工智能技术来辅助实现相应的功能。RPA 智能系统以非侵入的方式实现原有老旧业务系统的智能化改造，例如 Windows 应用、邮件应用、Web 应用、各种定制化的 Java 应用和 Office 办公软件等。

11.3 RPA 政务领域解决方案

11.3.1 部门筛选

从企业组织架构角度来看，根据公司的行业、管理制度和业务特点等现状，RPA 部门会形成不同的结构与分布模式。就目前而言，企业使用的组织结构模型主要有 3 种。第一种是作为支持功能的分散式部门。分散式结构的 RPA 部门通过赋予员工完成业务目标的能力来实现分散组织的不同业务部门，同时完成业务等的创新。这种结构对组织内的本地业务团队约束较少，可以帮助团队获得业务能力与专业知识。这种结构管理相对松散，不同业务部门都有各自的卓越中心结构与准则，使得不同 RPA 部门的重点功能也会有所区别。分散式结构是快速启动 RPA 计划同时降低成本的好方法，但由于缺乏集中管控，很难协同 IT 组织进行扩展和联络。第二种是作为中央 RPA 提供者的集中式部门。在集中式 RPA 部门中，通过将所有业务部门所需的 RPA 功能和资源进行统一管理来实现 RPA 资源在整体上协调分配，同时避免资源浪费和人员冗余。也正因为集中式结构管理都是基于整体战略的分步调度，所以能够促进 RPA 在组织内的最大力度推进。集中式 RPA 部门通过提供成功实施 RPA 所需的集体资源和专业知识，方便负责人员集中查看所有计划，加强针对项目和优先级的治理能力。同时，还可以设置流程更改的端到端视图，从而更快速、高效、有力地识别业务流程优化机会。此外，中央管理还能为 RPA 项目的评估、交付、监视和维护提供标准化流程及法规，使得 RPA 在组织内的功能扩展更加容易。但由于 RPA 无法快速应用，灵活性欠佳，所以需要的投入也更大。第三种是混合结构 RPA 部门。就目前而言，大多数组织单独采用某种 RPA 组织结构的并不多，更多的组织都在使用分散式与集中式的混合结构。一个成熟完善的 RPA 公司在能够处理分散的业务部门需求的同时具备集中式的运营模式。这种结构可以双管齐下，既保证了公司的交付与运营支持，又能使每个业务部门具备开发、确定优先级和评估自动化过程的能力。在以上 3 种组织结构模型中，混合结构最能适应集中式和分散式结构功能的成熟计划，兼具集中式结构的可伸缩性特点，因此可以不受限制地适应业务增长。

RPA 在政务领域的流程挖掘、可行性分析以及业务关联性分析与 9.3 节介绍的相类似，此处不再赘述，读者可自行参考。

11.3.2 RPA 政务领域案例展示

现代社会，我们常常需要开具各种各样的证明。由于证明的样式多，需要查询的资料各不相同，同时各个系统之间没有相应的接口，很多信息需要分开查询，这就导致工作量非常大。面对不同的申请，政府工作人员需要逐份处理与核对，费时费力。另外，人工核对容易出现错误，导致错对或者漏对。

部署 RPA 后，RPA 机器人将自动对提交的申请材料进行分类，然后针对不同的申请类型，根据预设的规则在系统中查询相关的证明条件，以判断该证明是否通过。如果证明不通过，则驳回申请。如果证明通过，RPA 机器人自动在系统中填入申请人信息，并打印证明，最后由政府工作人员签字盖章。开具证明的流程如图 11-2 所示。

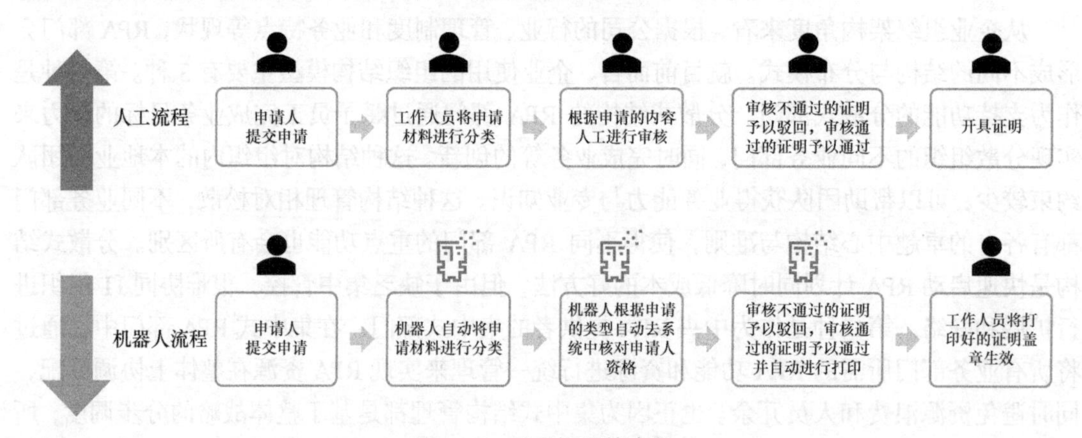

图 11-2 开具证明的流程

RPA 机器人上线后，可以极大地提高政府工作人员的工作效率。RPA 机器人工作高效且不易出错，这样也可以缩短等待时间，增强客户体验。

11.3.3 RPA 在政务领域的优势

伴随着“智慧政务”这一理念的提出，利用 IT 提高政府部门在办公、监管、服务和决策等多方面的智能化水平已经成为共识。RPA 非常适合具有许多传统 IT 系统和大量重复流程的政府公共部门，能够帮助政府以更快的速度、更低的成本实现数字服务的优化组合，为政务创造更高的价值。政务相关部门工作人员每天都将大部分时间花在格式化、高重复的文本登记、表格填写、数据合并等常规处理上，不仅效率难以保证，而且容易出现人为错误。时间和精力常被这些简单且烦琐的事务占据，真正用于服务公众的时间并不多。RPA 结合各类政务事项的实际情况，通过优化申请和审批流程，实现政务事务流程轻量化、高效化。

11.4 本章小结

本章首先介绍了 RPA 在政务领域的现状，探讨了 RPA 技术能够为政务工作带来的价值。然后介绍了在国家经济转型的大背景下，大型政企智能化建设的特点和现状，找到了 RPA 技术与大型政企业务的结合点，探讨了 RPA 技术能够为大型企业带来的价值。最后通过 RPA 在智慧政务方面的应用，进一步分析了 RPA 在政务领域的应用现状以及价值。

第 12 章 RPA 在制造领域的应用和解决方案

RPA 涉及的领域非常广泛，应用场景也在不断拓展，在制造领域也得到成功应用。本章将介绍 RPA 在制造领域的应用和解决方案。

12.1 制造业业务现状分析

中国的制造业经过计划经济条件下的自主发展，又经过市场经济条件下的自由开放发展，已经取得了长足进步。中国是全球制造业大国，但制造业大而不强的问题依然存在，制造业高质量发展面临着新的机遇和挑战。制造业的低利润不仅意味着企业生产处于生产链的中低端，而且增加了企业的脆弱性。随着人力成本的上升，传统制造业单靠人力发展的道路越走越窄，在现代制造业中，企业收益空间愈发狭小，要不断核算原料、运营、终端等各项成本，并不断优化，以确保企业处于盈利状态。

目前制造业企业的痛点如下。

- 人力成本逐渐增高。劳动力成本优势逐渐被削弱，人力成本逐渐增高成为当前中国制造业企业的一大痛点。
- 业务效率低下。所谓效率就是单位回报需要投入的成本，成本降低了，效率自然就高了。很多制造业企业在生产物流端使用了物理机器人进行产品生产或组装。尽管这些物理机器人能够帮助企业优化生产物流的前端流程，极大地提高效率，但在供销、生产链、仓储等其他后台管理系统中，还没有合适的优化方案。有时还需要大量的人力用传统的方式进行处理。市场需求变化莫测，因为市场响应需求不及时，很容易在很短的时间丧失大量市场机会。制造业企业通过提高业务效率的方式快速面对市场需求显得尤为重要。
- 业务复杂且高度重复。随着业务复杂度越来越高，员工经手的重复性操作越来越多，工作负担逐渐加重。由于这些高度重复的劳动占用了员工大量的精力，导致许多新兴技术很难在生产流程中有效落地。这些重复度高的工作不仅涉及企业内部系统，有一部分还需要在企业内部和外部单位的应用中直接交替操作。想要解决人力负担问题，首先面临的是如何贯通不同应用的问题，企业并没有能力来做相应的接口开发。

而 RPA 在处理进销存数据自动填入、库存核对、供应商补货、终端回款等业务方面得心应手，并且 RPA 可以将产业链相关数据信息第一时间发给相关执行人员，确保产业链高效运转。物理机器人和 RPA（软件机器人）的结合能够帮助制造业企业节省大量的人力成本、提高效率并促进企业的智能化和数字化转型。

12.2 RPA 在制造领域的应用场景

近年来，RPA 技术得到普及和发展，开启了“智”造新时代，为制造领域的发展拓宽了道路。但并不是所有的业务场景都适合使用 RPA 替代。具有“高重复性”“标准化”“数字化作业”和“不需要太过复杂的人工判断”的业务场景使用 RPA 后效果比较显著。RPA 在制造领域的部分业务场景适用性如图 12-1 所示。

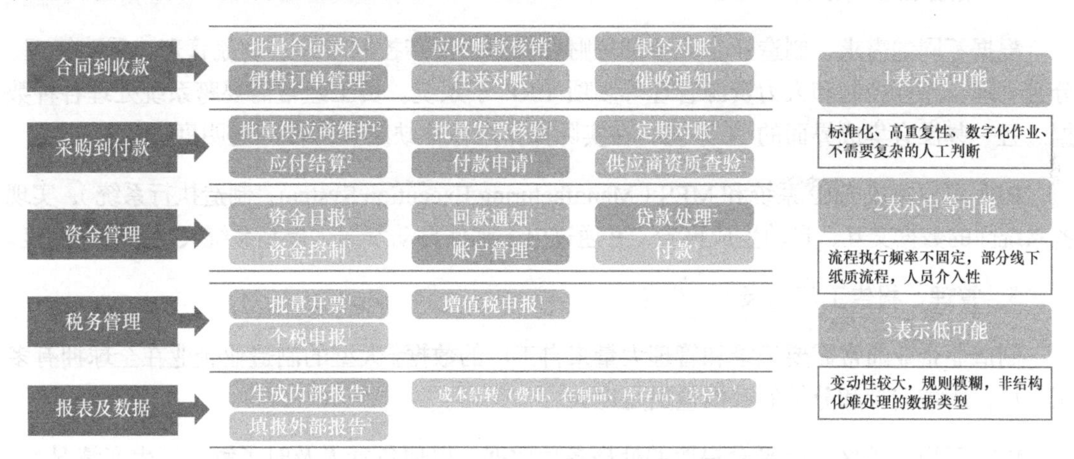

图 12-1 RPA 在制造领域的部分业务场景适用性

RPA 在制造领域的十大应用场景如下。

1. 物料清单生成

物料清单（Bill Of Material，BOM）是制造领域中至关重要的数据文件，其中包含构建产品所需原材料、组件、子组件和其他材料的详细清单，是计算机识别物料的基础依据。人工处理时，即使出现一点点疏漏，都可能导致材料计划、物流需求、成本核算等出现错误。

实施 RPA 则可以自动创建并更新 BOM，避免代价高昂的人为失误，实现 BOM 流程的自动化。

2. 创建和管理采购订单

当产品种类繁多时，创建采购订单（Purchasing Order，PO）的手动流程复杂且烦琐。尤其是在订单信息不一致的情况下，人工手动处理往往会出现延迟，导致订单积压的问题，并且还会出现录入错误的问题。

RPA 则可以高效快速地实现整个 PO 流程的自动化。管理采购订单时，RPA 可以跨系统提取数据，验证订单的准确性，提高业务效率，缩短处理时间，潜在提高企业的盈利能力。

3. 发票处理

对制造业企业来说，发票处理称得上是让财务人员叫苦连天的业务了，处理供应商发票是一项极其耗时费力的任务，人工手动处理的失误率极高。

RPA 可以扫描、阅读和检查采购订单的发票，自动提交发票以供相关部门审核。审核成功后，RPA 还会将发票输入会计系统，并且将采购订单标记为已完成。

4. 集成 ERP 系统和 MES

根据不同的需求，制造业企业会部署财务管理、生产控制管理、物流管理、采购管理、分销管理、库存控制和人力资源管理等多项 ERP 子系统。员工经常需要跨系统处理各种数据。且一些没有集成界面的 IT 系统，在实际操作中往往缺乏灵活性和透明度。

RPA 可以集成 ERP 系统和 MES（Manufacturing Execution System，制造执行系统），实现各系统间的数据交互，自动生成报告，并通过电子邮件自动发送，提高系统灵活性和透明度。

5. 管理、报告工厂记录

制造业企业通常需要记录和管理大量来自工厂的数据。大型的制造业企业在全球拥有多家工厂，所需记录和分析的数据量更是庞大。

RPA 可以跨地区、跨平台提取并处理各种数据，以便负责人及时了解工厂生产情况。

6. 订货业务

订货信息交换和数据的数字化正在急速发展。然而，不同客户的订货方式有所不同。例如，在利用销售终端（Point Of Sale，POS）数据和电子数据交换（Electronic Data Interchange，EDI）的情况下，由于每个客户系统的操作方法和数据形式不同，因此员工必须手工将订货数据输入本公司的系统中。

部署 RPA 后，机器人可以自动下载 POS 和 EDI 数据，转换数据格式，输入系统中，实现订货业务的自动化，并关联库存扣除和发货、生产指示。这种方式不仅能降低人力成本，提高效率，而且可以有效避免人为错误。

7. 物流信息跟踪

跟踪并处理大量物流信息对制造业企业而言至关重要。物流处理的延迟不仅意味着成本的增加，而且可能导致客户的流失。

RPA 可轻松集成运输管理系统，有效监控产品及原料的运输，帮助企业实时跟踪库存和交付计划，确保任务按时完成。

8. 在库管理

尽管企业有库存管理系统和销售管理系统，但是不能通过外部访问，每次都需要通过电话询问，手动向相关负责人发送库存信息，费时费力。

RPA 可定时检查库存数量，并定期将必要库存信息发送给相关负责人。若商品低于预先设定的库存数量，RPA 将自动发送生产指示，并通过电子邮件通知相关的业务负责人，保证合理库存。

9. 客户服务

在制造领域中，供应商、客户和内部员工之间的日常沟通存在大量手动工作。客服人员要处理包括所运货物状态在内的各种查询，并反馈给客户。一旦出现错误或者延时，将会影响客户的满意度。

RPA 机器人可以跨系统提取相关信息并汇总，缩短客服业务的响应时间，使客服人员专注于更人性化的工作，将更好的服务体验带给每一位供应商和客户，而不是将大量时间浪费在枯燥无味的高重复性工作上。

10. 故障检测

企业员工可以通过收集机器上的各种传感器数据并统计分析，以获取故障信息。但手动抄录数据难免出现疏忽和遗漏，致使有些问题过了很久才被发现。

而 RPA 机器人可以全天候 24h 工作，一旦发现故障异常就立即通过电子邮件发送给相关的负责人。这样不但可以将技术负责人从重复单调的统计作业中解放出来，而且可以提高检测的频率和准确性，以便及早发现并解决问题。

12.3 RPA 制造领域解决方案

之前已经提到过目前制造业企业存在的痛点。虽然目前制造领域已经通过部署大量的物理机器人来提高生产率和产量，但是在运营管理以及后台的业务流程中还存在着大量的高度重复性的工作，这些工作往往需要大量的人工操作，并且极有可能因为人工失误而导致损失。而 RPA 的出现则可以将这些后台的业务流程变得简单、高效。那么 RPA 是如何来解决这些痛点的呢？下面将详细描述 RPA 在制造领域的解决方案。

12.3.1 业务筛选

并不是所有的业务都可以无差别地使用 RPA 进行完美替代，当企业想通过部署 RPA 来完成业务流程自动化时，要根据以下条件对业务场景进行筛选，引入 RPA 时，首先选择有影响力且易于 RPA 自动化的流程。一般来说，高频高量的、手工容易出错的、需要及时响应的、高峰需求时可外包的流程都属于可以考虑实现自动化的流程。此外，这些流程即使已经满足“大量、重复、机械化”等特征，但流程本身很多时候仍不具有清晰的规则。这时就需要清点规则和过程，记录在案，以保障 RPA 项目实施的成功率。

适合引入 RPA 的业务场景如下。

- 该业务的业务逻辑和业务操作具有高度重复性。
- 大量人工操作，业务流程通常需要较多人工去完成相同的作业任务。
- 存在信息孤岛，业务流程中需要分别从多个系统中获取数据，缺乏对系统的整合，需要业务人员在多个系统间来回切换。
- 业务流程具有明确的规则，不存在模棱两可的判断或者人为的主观判断。RPA 机器人在实施之前需要进行编程，如果业务规则不明确，就无法根据规则来编程，那么该流程不适合实施 RPA。
- 业务流程本身以及所涉及的系统要稳定，不可频繁修改用户界面（User Interface，UI）。如果在那些经常变动的流程中实施 RPA，则会迫使开发人员花费大量的时间和精力进行部署和维护，同时会浪费企业的时间，增加成本。
- 流程高度标准化，不可存在大量的人为干预。大量的人为干预极有可能影响 RPA 机器人运行的稳定性，如果人为干预时出现数据错误，则会影响整个业务执行的准确性。
- 业务执行频繁，使用 RPA 解决的业务执行频率要高，这样才能体现出 RPA 节省人力，如果一个业务一年只执行一次还要通过 RPA 解决，这样只会增加企业的成本。

12.3.2 流程挖掘及可行性分析

1. 选择合适的产品

如今 RPA 产品越来越多，如国外的 UiPath、Blue Prism、Automation Anywhere，国内的

阿里云 RPA、艺赛旗、影刀等。但是究竟哪个产品才适合制造业企业呢？制造业企业在引入 RPA 前需要明确自己的目标和需求，对比市场上已有的各种 RPA 产品。比如，产品的操作难度高不高？业务人员可以用吗？投资回报周期大概多久？供应商提供哪些技术支持？这些问题都需要考虑清楚后再着手推进具体实施。

2. 先从试点开始

目前 RPA 的发展异常迅速，关于 RPA 的成功案例比比皆是。一些有关效率、ROI 的数据也广为流传。但是这些案例覆盖了很多行业和业务，单独针对制造领域的参考价值可能不高。所以，企业想要实施 RPA 来自动化业务流程，需要通过 POC 确定该业务流程在 RPA 技术上是否可行。此阶段需要标准化流程，将业务梳理为机器人可执行的规则明确的 RPA 模型。建立 POC 后，应对执行、收益和维护成本进行综合分析，并将分析明确量化，进而预判自动化实施的 ROI，确定企业与 RPA 的适配度。

3. 完善 RPA 的管理

当 RPA 机器人投入生产环境时，企业应对 RPA 有一套比较完整的管理和运维策略。比如流程发生变更要如何确定变更的优先级，部署 RPA 后如何与员工沟通，如何培训员工使用 RPA，是否需要建立一个 RPA 团队来负责整个 RPA 模块的管理和运维等。

RPA 在制造领域的业务关联性分析与 9.3 节介绍的相类似，此处不再赘述，读者可自行参考。

12.3.3 RPA 制造领域案例展示

1. BOM 的自动化生成

BOM 一般由计划部员工安排，向企业内的所有员工提供产品结构和工艺流程的详细信息，说明所要购买的材料内容、数量、方式、地点以及其他详细说明（如何组装和打包产品）。即使是单一的遗漏或小小的失误，也可能导致材料计划、物料需求的错误，产品成本核算不准确，装运延迟等问题的出现。

使用 RPA 可以自动化创建和更新 BOM。RPA 机器人能够完全复制人类员工在生成 BOM 中所执行的步骤，利用屏幕抓取技术，更快地创建和跟踪变更，帮助企业避免代价高昂的人为错误，实现 BOM 流程的自动化。当今制造业企业大多使用 ERP 系统创建 BOM，希望能通过信息化软件解放人力，提高效率。但是通过 ERP 系统创建 BOM 的过程依然存在大量重复性工作流程，以某公司在 ERP 系统中创建一个新的 BOM 为例，实施 RPA 前后的流程如图 12-2 所示。

2. PO 的创建和管理

采购管理是企业控制管理成本、增加盈利的一种手段，包含采购计划、采购订单、发票校验交易管理、采购合同和策略采购等多个流程。其中手动创建 PO 对制造业企业来说是最困难、最烦琐的一个步骤。尤其是遇到订单信息不一致等情况时，人工处理通常会导致订单处理的延迟。RPA 解决方案可以将整个 PO 流程自动化，从而使实现结果高度精准和快速。在订单创建方面，RPA 机器人负责从独立系统中提取数据，通过电子邮件供有关部门负责人批准以及处理 PO 生成请求。在订单管理方面，RPA 有助于验证订单，从多个系统中提取数据、检查结算并验证它们以确保没有重复订单。图 12-3 展示了订单机器人自动创建采购订单的流程。

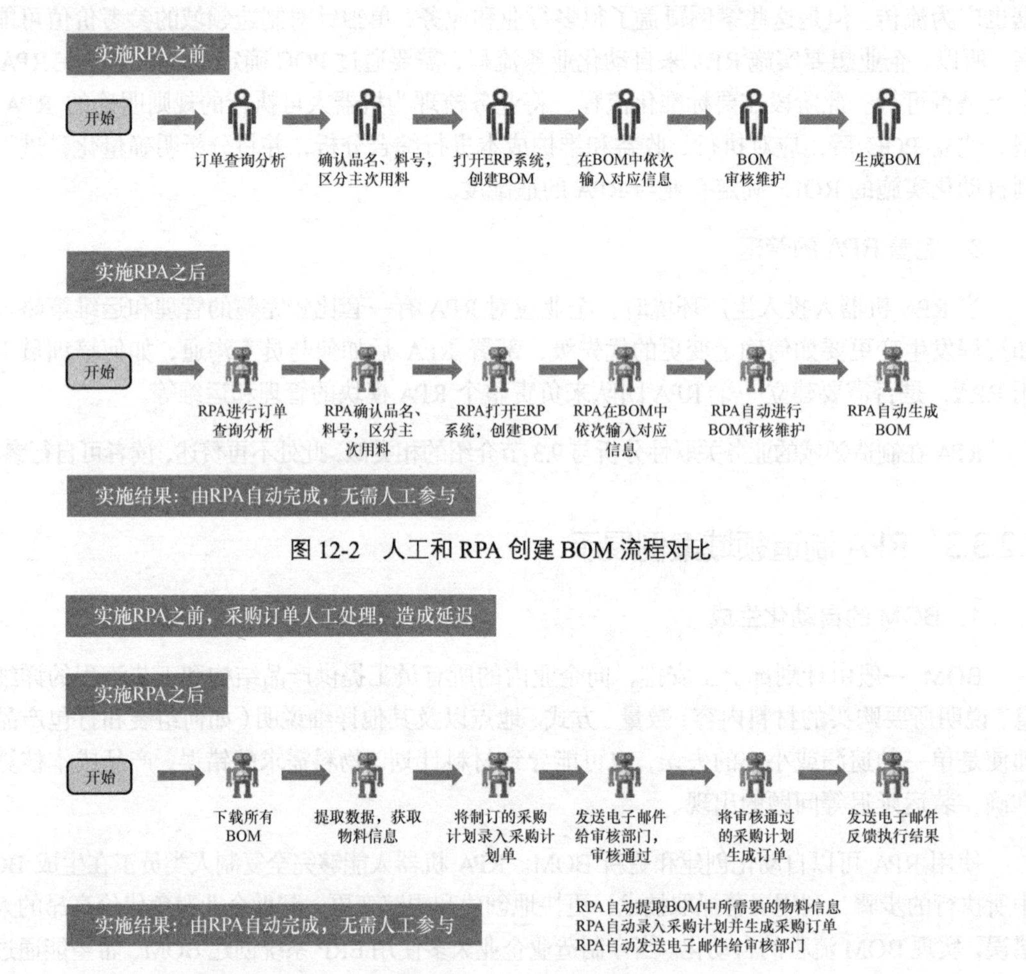

图 12-2 人工和 RPA 创建 BOM 流程对比

图 12-3 订单机器人自动创建采购订单的流程

3. 发票处理

供应商的发票是制造商不可回避的问题，而发票的处理则是一项耗时且极度痛苦的过程。员工必须浏览每张发票并交叉检查、发送它们，以供批准。这一过程通常都是手动处理，不仅耗费大量时间，而且由于多次审查和更换，也极易出现人为错误。

RPA 机器人可以扫描、阅读和检查采购订单的发票，自动发送发票以供相关部门批准。审核成功后，RPA 机器人会将发票输入会计系统，最后将采购订单标记为已完成。

财务机器人的工作主要分为订单发票的查验和审核两个部分。通过使用财务机器人，发票查验过程只需要人工干预输入验证码即可，其余过程全部由机器人代替；而订单发票的审核过程则全程由 RPA 完成，只需要人工设定审核标准即可。如此一来，订单发票的查验和审核效率大大提高，同时减少了人为因素导致的错误。图 12-4 所示为财务机器人订单发票查验流程，图 12-5 所示为 RPA 和人工执行订单发票审核对比。

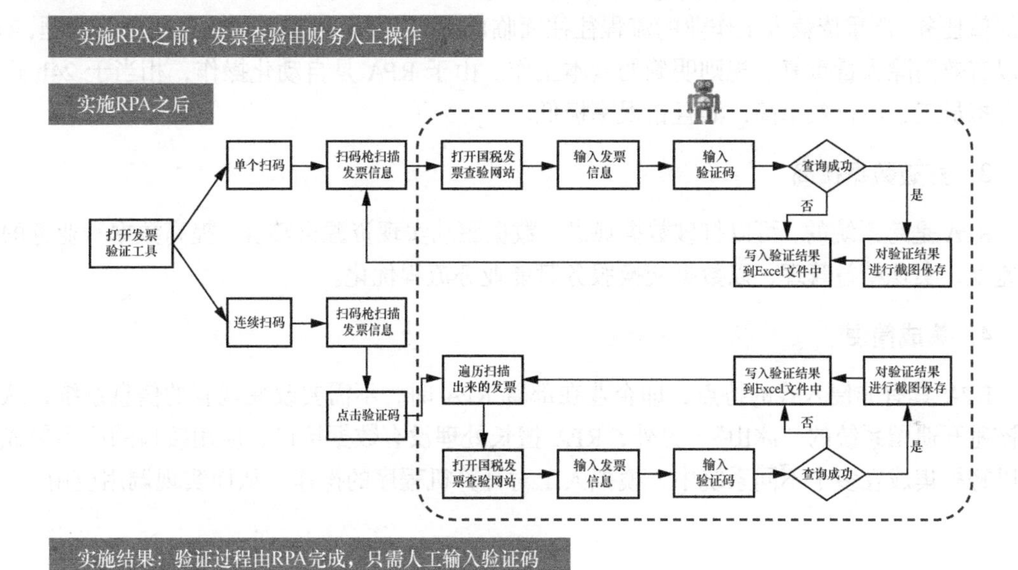

图 12-4 财务机器人订单发票查验流程

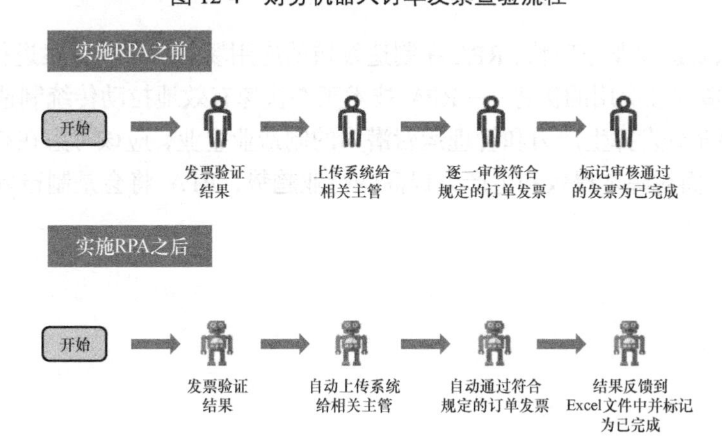

图 12-5 RPA 和人工执行订单发票审核对比

12.3.4 RPA 在制造领域的四大优势

1. 实现业务流程自动化

RPA 能够模拟人类的操作方式，在企业的计算机上跨平台、不间断地执行基于规则的各种工作流程，同时保持稳定的速度和准确率。

2. 解放人力，消除人为错误，降本增效，提质减存

RPA 的出现让员工有更多时间和精力投入更高价值、更需要创造力、更强的逻辑和联想力的任务中，帮助制造业企业更多地关注产品创新和核心优势，而不是日常重复、琐碎的低附加值任务。严重依赖人工作业的流程往往面临成本高、容易出错和效率不稳定等问题，RPA 可以有效消除大量重复、规则明确的基本工作。由于 RPA 是自动化操作，相当于 24h 运转的虚拟员工，不仅效率高，而且错误率极低。

3. 打破数据孤岛

RPA 是跨系统的，可以打破数据孤岛，数据驱动实现资源再整合，提高数据和业务的响应速度，实现精益管理，以数据交换服务赋能业务流程优化。

4. 集成简便

RPA 具有非侵入式的特点，即企业在部署 RPA 时，不需要改变现有的信息系统，从而应该避开遗留系统的“冰山”。另外，RPA 擅长处理没有数据接口、应用接口的应用集成，可以轻松集成在多个不同系统中，模拟人工对计算机程序的操作，从而实现调用应用。

12.4 本章小结

本章主要从制造业业务现状、RPA 在制造领域的应用场景和解决方案进行介绍，同时介绍了 RPA 在制造领域应用的优势——RPA 技术正在快速有效地拉动传统制造领域的数字化转型升级。想要充分发挥生产力和管理运营潜力的制造业企业，应该考虑在相关环节、功能领域应用 RPA。面对降本提效和生产力提高的行业趋势，RPA 将会是制造领域的下一个改变者。

第13章

RPA在人力资源领域的应用和解决方案

当自动化逐步渗透到人力资源（Human Resource，HR）领域，将会对HR专员的工作产生影响。面对趋势变化，HR专员是拒绝还是接受？相信大部分HR专员更愿意主动接受自动化，也愿意学习不会被自动化替代的新技能。本章将介绍RPA在人力资源领域的应用场景和解决方案。

13.1 人力资源业务现状分析

近些年，我国的人力资源服务业保持长期高速发展，行业规模快速扩大，成为服务经济社会发展的重要力量。我国拥有世界上规模最大的人力资源市场，蕴含着体量巨大的人力资源服务需求。政府通过简政放权、放管结合、优化服务和转变职能等多种举措有效地激发了市场活力，充分挖掘了人力资源服务的需求，促使人力资源服务业的规模迅速扩张。近几年，员工对收入的期许在逐年增加，员工的福利成本也在上涨，这导致中小企业的用工成本上升，人力资源费用率占比不断提高。很多中小企业发现在人力成本高企的情况下，绩效并没有提高多少，而且利润下滑严重。伴随市场竞争日益加剧，信息技术在企业管理中的应用越来越广泛，企业人力资源管理正发生巨大的变化。越来越多的企业出于集中服务、降低成本、提高服务专业化和标准化以及效率的目的，将人力资源管理中行政事务类工作从人力资源部门分离出来，构建了人力资源共享服务的模式。但是转变管理方式之后新的痛点随之而来，人力资源共享服务的痛点如下。

- 效率低、浪费人力。人力资源共享服务中心要操作各种各样的系统，比如内部的OA系统、人事管理系统、客户管理系统、销售管理系统和财务管理系统等，还有一些外部的招聘网站、社保经办、公积金经办等，所以每天都需要面对大量的不同形式的数据和报表，然后人工去处理、整合这些数据和报表，可想而知这是一项多么庞大的工作，又会浪费多少时间。在缺乏自动化技术的情况下，这些问题仍旧是让企业管理者感到头痛的问题，尽管效率低下、浪费人力，但是却不得不做。

- 业务烦琐且高度重复。传统的人力资源的业务流程，例如招聘、员工入职/离职、薪资管理和培训等方面往往需要 HR 专员手动在各种应用系统之间来回切换，进行复制、粘贴操作。这些操作难度低，但是流程烦琐，并且高度重复，存在大量的相同操作，而这些重复的工作也是最容易出现人为错误的环节。

- 数据量庞大且重复。人力资源共享服务中心服务于整个企业的所有员工。在每个薪资结算周期，人力资源服务中心必须收集、整理和汇总各业务系统中与薪资结算相关的各种数据，包括社保与公积金费用报表、考勤数据、加班数据、销售业绩数据等。这些数据的数量庞大、种类繁多。

- 员工流动性大，增加企业成本。大量数据表单被处理、导入和导出，机械工作被重复，这导致人力资源共享服务中心的员工流动性很大，并且由于人力资源服务的专业性，企业招聘和培训的成本进一步增加。

RPA 可以很好地解决当前人力资源部门面临的上述痛点。RPA 可以模拟人类使用键盘和鼠标的行为，代替人们完成大量的重复工作，就像企业雇用了一位或数位数字员工，提高员工的满意度，降低员工的流动性。RPA 凭借自动化的特点，通过自定义后台业务操作程序，应用于企业整个雇员雇用周期的人力资源管理体系中，同时，RPA 还可以帮助企业在内外部不同系统的信息传递中实现“断点”连接。

13.2 RPA 在人力资源领域的应用场景

如今，RPA 凭借技术优势以及便捷的部署，对各行业产生了前所未有的影响。RPA 可以在企业选人、育人、用人及留人等整个人力资源管理体系中发挥作用。此外，RPA 不仅适合承担人力资源共享中心职责的服务机构或组织，同样也适合企业内部人力资源部门的业务流程应用。

接下来介绍人力资源领域应用 RPA 的七大场景。

1. 员工招聘

人才质量非常重要，关乎企业未来发展。但想招聘优秀的人才，需要不断地筛选和搜集简历信息，人工操作不仅费时费力，而且容易遗漏。

RPA 机器人则可以帮助 HR 专员快速分发招聘信息，筛选应聘简历，通知应聘人复试。实现招聘自动化管理，减少手动操作，提高人才招聘率。RPA 提取 HR 专员的招聘信息，根据用户设定，将这些信息发布至指定的人才招聘平台上。在招聘平台收到简历时，RPA 将根据用户规则设定自行筛选简历，并将符合条件的简历发送给 HR 专员进行查筛。

2. 社保、公积金结算

企业每月进行薪资结算时，可能会收到大量的社保、公积金费用结算单，其包含的数据是海量的。人力资源共享服务中心需要一一核对、校验每张结算单中的内容，把有问题的数据单独摘出来，然后把所有结算单中的数据合并整理成一张报表。接着在合并的报表的基础上，再把表格转换成业务系统的标准格式，然后导入业务系统参与当月的薪资计算。

RPA 机器人可以自动完成结算单数据格式校验、汇总报表制作、系统导入文件制作以及导入业务系统等一系列业务的操作。

3. 差旅费管理

员工出差回到单位后会向人力资源部门提交账单进行报销。差旅费用流程通常依靠手动操作，常常会遇到收据缺少、政策外支出、捕获信息有误和延迟报销等问题。

RPA 可以将个人费用与组织内外不同系统的预定义规则和法规进行比较。通过使用 OCR 技术从纸张读取文本、图像并翻译成计算机可以理解的形式，自动进行验证与匹配。实现从标准费用的无人值守自动审批到有人值守或混合模式下的各种项目的引导检查。

4. 个人所得税申报

个人所得税申报通常通过自然人税收管理系统扣款客户端进行申报。但是有时会出现纳税主体的个人所得税为零的情况，但是 HR 专员仍然需要登录客户端，并且逐个完成公司的个人所得税申报操作。

部署 RPA 后，机器人可以自动从维护好的纳税主体信息表中提取公司信息，然后登录个人所得税 PC 端，自动进行零税额个人所得税申报，并且在申报完成之后，将申报的结果记录到指定的表中，通过邮件发送给业务人员。

5. 考勤管理

人力资源部门的 HR 专员每月都需要统计员工的工作时间和出勤时间，核对员工工时记录，这些工作会耗费他们大量的时间。

RPA 可以自动执行数据统计并且核验记录，一旦发现数据信息异常，会立即发送电子邮件给相关负责人，以便负责人及时调整，这既能节省大量人力，又能更有效地管理员工考勤。

6. 每月工资单发放

当公司拥有大量员工时，工资核对和发放是一项烦琐的工作，大多数工资核算流程都是基于规则的，涉及大量数据输入且本质上具有高度重复性。

RPA 通过与 ERP 系统中的数据进行核对，来验证工资系统中员工数据是否一致。薪资、福利管理、奖励和报销核对都可以由机器人自动跟踪和生成，实现“薪酬自动化”，以提高准确性并缩短处理时间，尤其是当公司拥有大量员工时。

7. 员工数据档案管理

企业中 HR 专员需要管理现任员工、以前的员工、求职者和新员工的工资、福利、人事档案等，即便是中小型企业，也很难跟踪这一数量级的数据，更不用说拥有多个办事处，涉及多种语言、地点的大型公司或集团。目前，企业人力资源解决方案可以帮助公司解决这些问题，但是许多任务仍然需要 HR 专员跨多个不同的数据库管理系统进行手动输入、更新和维护。

RPA 可以确保整个员工生命周期内员工数据的准确性和完整性。从创建员工记录开始，通过与新员工交互，准确和完整地输入数据；通过数据清理活动，确保不同格式的多个系统之间保持一致。

13.3 RPA 人力资源领域解决方案

人力资源领域目前的痛点很明确，大量重复的、机械化的工作和庞大的重复数据的处理浪费大量人力，也使得员工对公司的满意度下降，企业员工流动性增强，无形中增加了企业成本。RPA 可以提供一个自动化和高效的解决方案。下面将通过 RPA 在人力资源领域的成功案例来展示 RPA 是如何解决这些问题的，并介绍 RPA 在人力资源领域的优势和部署 RPA 能够带来哪些好处。

13.3.1 部门筛选

RPA 虽然能够自动化大部分流程，但是并不能自动化所有流程。例如，有些流程需要从打电话或纸质记录开始，或者需要与客户进行一定的沟通。另外，在 RPA 项目的启动、定位和交付中还会遇到很多问题，例如，如何使自动化流程上线，以及由谁来操作机器人，这些会涉及 RPA 项目的上线与利益实现。企业通常会在项目的初期认为 RPA 是系统自动化项目，从而忽视 RPA 最终会把企业的业务交付给虚拟员工来处理的目标，所以建立一个以业务为导向的 RPA 管理机制是管理和提升虚拟劳动力的有效机制。成功的 RPA 项目应该以业务为主导，与 IT、财务和其他职能部门有着紧密的合作关系。

在人力资源领域，适合引入 RPA 的场景、流程梳理及可行性分析、业务关联性分析与 9.3 节介绍的相类似，此处不再赘述，读者可自行参考。

13.3.2 RPA 人力资源领域案例展示

1. 入职业务信息登记表获取

在实施 RPA 前，通常 HR 专员手动打开并登录人才招聘系统，如“E 成科技”系统，进入入职待处理页面，导出所有待处理业务的信息登记表，将获取的信息登记表进行数据筛选、拆分、迁移等操作。这些操作具有高度重复的特征并且数据量庞大，尤其是人工进行数据筛选和拆分时很容易出现错误，进而影响流程的准确性。

通过 RPA 可以自动化导出信息登记表。通过设定筛选条件，RPA 机器人能够代替人工执行数据筛选、拆分的操作，利用屏幕抓取技术，自动模仿人的行为去操作应用系统，帮助企业避免代价高昂的人为错误，实现入职业务信息登记表下载的自动化。入职业务信息登记表获取流程如图 13-1 所示。

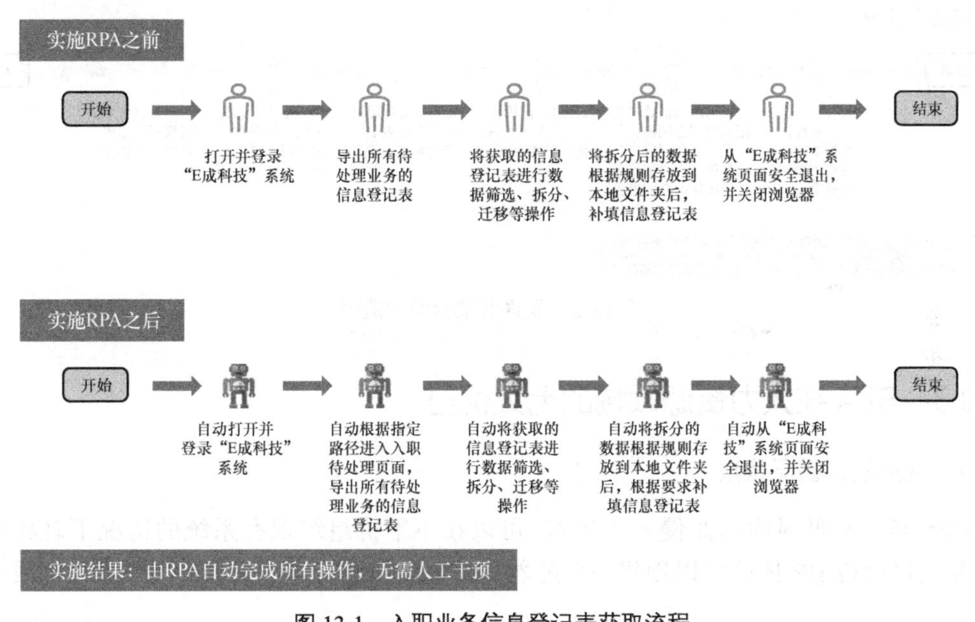

图 13-1 入职业务信息登记表获取流程

2. 发送劳动合同

发送劳动合同看起来是一项不太复杂的业务，但是一旦数据量庞大，也会是一项极其耗时的业务，尤其是那些专门从事人力资源领域的企业，该业务的执行通常会耗费大量人力。

实施 RPA 前，业务人员需要打开在线签署合同的系统，如上上签系统，根据指定路径进入合同模板页，选择相应的合同模板，确定合同模板，进入 Excel 批量导入页面，上传当前处理记录中的申请表。

实施 RPA 后，机器人可以自动登录上上签系统，根据已经指定好的路径进入合同模板页，并根据设置好的判断条件选择相应的合同模板，批量导入已经处理好的申请表，并且会自动判断上传的状态，如果上传状态为成功，则单击“下一步”按钮后再单击“发送”按钮，业务处理完成；如果上传状态为失败，则会在报表中记入“信息登记表导入失败”，并将结果报表反馈给业务人员。发送劳动合同的流程如图 13-2 所示。

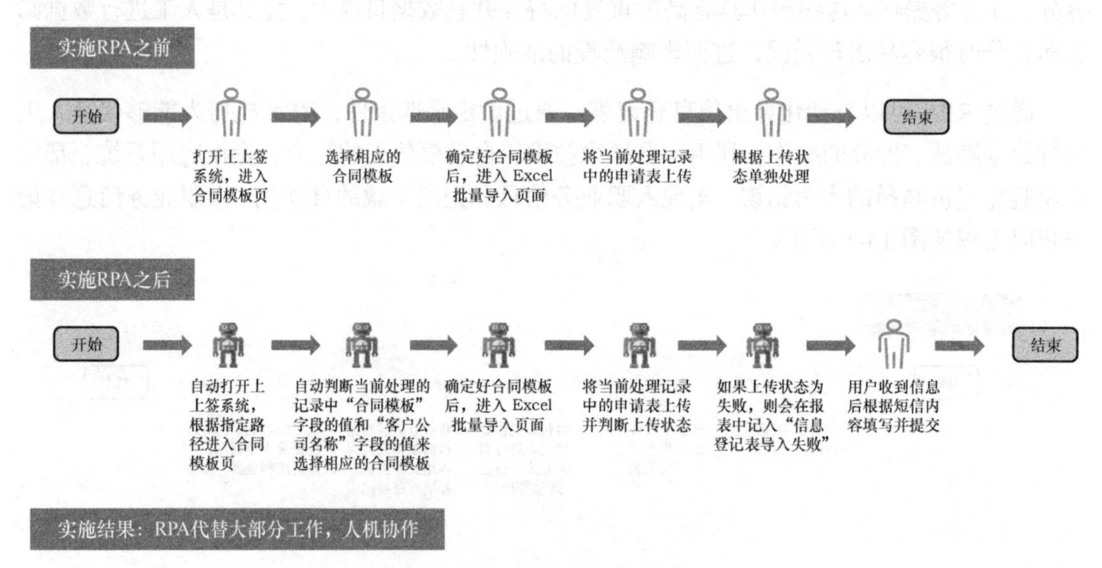

图 13-2 发送劳动合同的流程

13.3.3 RPA 在人力资源领域的七大优势

1. 低风险，易于集成

RPA 是一种低风险的非侵入式技术，可以在不干扰组织现有系统的情况下轻松部署与实施。这使得 HR 团队可以创建一个随着复杂算法和机器学习工具的发展而不断发展的平台。

2. 提高生产力

RPA 可以让 HR 团队承担更多高价值的任务，例如调动员工积极性和建立忠诚度，并直接为公司的整体战略目标做出贡献，从而提高整体生产力。

3. 节约成本

RPA 通过减少员工在低附加值、重复性事务上花费的宝贵时间以及降低人力、物力、财力等成本，为企业或部门节省成本。节省的费用估计是 RPA 实施成本的 3 ~ 10 倍。

4. ROI 高

一般情况下，RPA 项目运行 9 ~ 12 个月，第一年 ROI 为 30%，后面可高达 200%。

5. 可扩展性好

RPA 平台可以快速轻松地实现扩展。用户可以根据流程需要和系统需求随时调整、添加或更改自动化流程机器人，而不会影响之前的部署。

6. 准确性高

RPA 是为完美复制人工操作和无差错性能而创建的，其可消除操作期间的输出变化。由于其计算优势，RPA 在数据分析方面也可以快速提供精确的输出和决策，远远超过人类同行。

7. 可靠性高

RPA 不需要休息和请假，可以 7 × 24h 工作。人力资源部门通过 RPA 技术为企业带来收益的潜力是巨大的，并且目前大部分潜力均已得到充分证明。RPA 在人力资源部门的实施，可以重新为人力资源团队塑造工作方式，释放人力资源团队的能量，从而为企业应对更大的业务挑战做出贡献。

13.4 本章小结

本章主要从人力资源业务现状、RPA 在人力资源行业的应用场景、RPA 人力资源行业解决方案进行介绍，帮助 HR 专员了解 RPA 在人力资源领域的应用，能够挖掘出人力资源领域中可以用 RPA 来替代的业务流程，把 HR 专员从那些枯燥的、高重复性的工作中解放出来。实际上，人力资源部门不缺自动化技术及系统。与其相关的各种工具的数量每年都在增长。每个工具都可以自行解决 HR 专员的一部分需求，但当所有的工具之间缺乏沟通与互动时，人力资源部门的员工不得不花费大量的时间和精力将数据从一个系统复制并粘贴到另一个系统，效率大打折扣。所以，HR 专员需要的不是更多的办公软件和集成系统，而是能代替自己双手、双眼去操控这些软件和系统的工具，以实现真正的办公自动化，而 RPA 就是替代这些工作的不二选择。

第 14 章 RPA 在能源领域的应用和解决方案

我国资源丰富，这为能源领域的蓬勃发展奠定了基础。我国的能源领域也是国内业务体量极为庞大的领域。随着 RPA 在各个领域开花结果，它在能源领域的应用也是必不可少的。本章将介绍 RPA 在能源领域的应用及解决方案。

14.1 能源业务现状分析

随着能源发展"十一五""十二五""十三五"规划和有关能源方面的专项文件的发布，在国家政策的大力支持下，中国的能源总量不断扩大，跃居世界能源生产第一大国，能源业的业务量也随之增大，相关企业也都积极响应，进行相应的信息化配置，但其中不乏一些重复、烦琐、标准化的工作，需由大量的人工来完成，业务人员负担较重。较高的人力成本、较低的效率禁锢着企业的发展。当前能源领域面临如下行业痛点。

1. 较高的企业成本

由于大量的重复性工作堆积，需要投入大量的人力来支撑工作的顺利进行，这使得人力成本激增，且无法在企业内部对高额的人力成本进行分摊。

2. 信息化系统繁多，操作烦琐，效率低下

存在大量与系统交互的工作，每天都需要面对大量不同形式的数据和报表，然后人工处理这些数据和报表，基层业务人员需要频繁操作各种系统来完成多种重复性工作，不但需要大量的时间而且效率低下。

3. 业务数据庞大且高度重复

共享服务公司有大量标准化的业务需要人工处理，伴随服务范围的不断扩展，这些业务的工作量变得愈来愈大，需要处理的数据文件也愈来愈多，而这些数据的处理往往都是高度重复性的工作，尽管共享服务公司的员工非常细致认真，但长时间固定的、重复的工作，还

是会给员工造成疲倦、劳累、分心，因而无法规避业务处理上的失误。

14.2 RPA 在能源领域的应用场景

RPA 技术为能源领域的基层操作人员提供了自动化工具，可以帮助他们自动完成一些高度重复的、有规律可循的工作，在降低工作量、提高效率的同时，确保准确性。RPA 在能源领域的应用如图 14-1 所示。

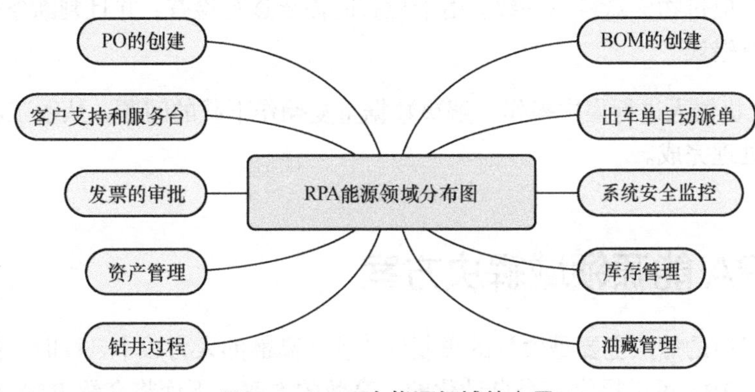

图 14-1 RPA 在能源领域的应用

接下来介绍在能源领域应用 RPA 的四大场景。

1. 出车单自动派单

某电力公司由于电路抢修等工作需要，需要对车辆进行统一管理，以便及时获取车辆信息。工作人员每天需登录车辆统一管理系统，填写用车申请人员和车辆信息提交申请，进行调度派车并发送短信给司机。将每天出车信息同步到系统中工作量较大。

RPA 机器人可以每天定时自动登录系统填写出车信息，从用车申请到用车审核再到派车单的生成都可以自动执行，并且能够根据需求及时将出车信息自动发送给相关工作人员。

2. 工单自动创建

某能源企业员工每天需要登录生产系统，将操作票信息填入系统中。运行日常工作后，还需要回到站所单独输入数据，填写 Excel 文件并输入系统中。

RPA 机器人可根据需求自动填写操作并开票，在大幅提高工作效率的同时，极大地降低工作失误的概率。

3. 系统安全监控

为应对高危或可疑的攻击，员工需每日定时将获取的数据保存为表格文档，加密后发送到指定邮箱。人工进行系统的安全监控难免会有疏忽，相关人员无法以最快的速度对攻击做出响应。

RPA 机器人会读取系统信息列表数据，读取到数据后记录在本地并保存为 Excel 文件。在遇到高危攻击时及时发出警报通知，并将记录汇总的每日攻击事件发送到指定邮箱。高危攻击响应速度得到迅速提升，全天候实时监控。

4. 应付物资款串户检查

应付物资款串户检查主要是在 SAP 系统中检查应付物资款明细中供应商名称、文本和附件清单是否与应付物资款科目一致。由于检查时需要逐行检查，并且判断条件多，人工操作容易出现检查错误。

通过 RPA 机器人进行集中操作，解决数据重复操作下载的问题，从手工耗时半天转变成机器人迅速处理完成。

14.3 RPA 能源领域解决方案

能源领域目前的痛点主要是大量的重复性工作、高额的人力成本、耗时、低效和人为业务处理的失误。RPA 可以提供一个自动化的、高效的方案。下面将介绍 RPA 在能源领域的解决方案。

14.3.1 业务筛选

在能源领域并不是所有的业务流程都适合由 RPA 进行优化，有必要对能源领域的部门业务进行筛选，找出符合要求的业务流程，进行业务分析、流程挖掘，应用 RPA 以提高工作效率。

适合引入 RPA 的业务场景如下。

- 业务逻辑简单且操作高度重复。
- 容错性低。对于数据的准确性有着较高的要求，操作人员往往会因为精神不集中，导致不可避免的人工错误，给客户带来不好的体验，而 RPA 可以确保数据的准确性，有效防止人工错误的发生。
- 基于一定规则。RPA 机器人在实施之前需要进行编程，如果无法编写流程规则，那么说明该流程不适合实施 RPA。
- 存在信息孤岛，业务流程中需要从多个系统获取数据，缺乏系统整合，需要业务人员在多个系统间来回切换。

14.3.2 流程挖掘及可行性分析

能源领域的 RPA 项目落地主要由前期业务需求调研、业务需求梳理、POC、业务需求确认、RPA 流程开发和 RPA 流程维护等步骤组成。这些步骤大致可划分为如下 3 个阶段。

1. 业务需求确认

通过 POC 后，确认流程使用 RPA 的可执行性，且需要对业务需求进行二次确认，确保开发流程的准确性，避免在开发完毕后，由于业务流程的不准确而进行二次开发，当然如果有需求变动，也可以与客户进行沟通，提交需求变更文档，进行流程更改。

2. RPA 流程开发

在确认需求后，将对流程进行开发，开发过程中确保代码的质量和规范性，充分考虑流程的鲁棒性。例如，系统在处理数据时，要考虑数据量大小的问题，当数据量过大时，就会出现等待弹框，这时应该去捕捉这个弹框判断弹框元素是否存在，如果存在，则继续等待，当弹框元素不存在时再继续执行流程，且应在流程中加入异常处理，当流程出现异常时，开发人员能够第一时间得到响应，发现问题所在，及时对流程进行修改，确保客户的良好体验。

3. RPA 流程维护

在项目交付后，应当配置相应的项目维护人员，对项目流程进行实时监控，对流程问题及时响应解决。

14.3.3 业务关联性分析

业务关联分析就是从各种业务中发现对象之间隐含关系与规律的过程。公司的业务之间往往不是独立的，彼此存在一定的关联，RPA 需要从一个系统中提取数据，根据一定的规则填入另一个系统中，所以在前期工作中对业务的关联性分析是十分重要的，通过分析可以找到适合 RPA 的业务流程链，为流程的梳理提供便利，使整个 RPA 项目更加顺利地开展。

能源领域的 PO 和 BOM 之间存在紧密的联系。通常在完成一件产品前，首先列出产品所需部件，录入相关系统，生成 BOM，其次业务人员根据 BOM 了解购买物料的基本信息，根据物料的信息进行采购，然后从相关系统中提取数据并生成 PO。通过业务之间的关联性，我们可以清晰地看到整个业务流程的脉络，从而借助 RPA 对业务流程进行优化，提高流程效率，确保流程的准确性。

14.3.4 RPA 能源领域案例展示

实施 RPA 前　某电力公司每天都安排专职人员登录新一代配电自动化系统，找到汉阳—

110kV 芳草路—芳兰亭线，人工核对新一代自动化系统、生产管理系统（Production Management System，PMS）、SG186 系统，整理出芳 502 芳兰亭线的专、公变对应关系。核对无误后，针对芳 502 芳兰亭线的系统间设备数量不一致、设备对应线路不一致以及上级接入点或上上级接入点不一致等问题分别进行处理。针对该线路的某个开闭所进行自动化系统核对线变关系、清理线路线损、发现并上传异常问题的过程为：在自动化系统兰亭时代操作界面的某个开闭所开关的黄色数字上右击，选择“历史曲线”→“日期”→“负荷曲线”；在用电信息采集系统中单击“基本应用”，选择“用电分析”→“负荷分析”→输入“客户编号”→根据前面梳理的主备供关系选择“主供总表计量点”→选择同样的日期→选择“负荷曲线”，将两次操作生成的两张图放在同一坐标轴进行对比，发现图形类似，但是自动化系统负荷曲线 5 min 采集一个数据，而采集曲线 15 min 显示一个数据，在统一数据采集时间后，重新作图对比。发现异常问题并上报。

实施 RPA 后 业务流程更加规范，节省人力和时间，提高效率和准确率。

我们将上述流程用 RPA 机器人替代，如图 14-2 所示。

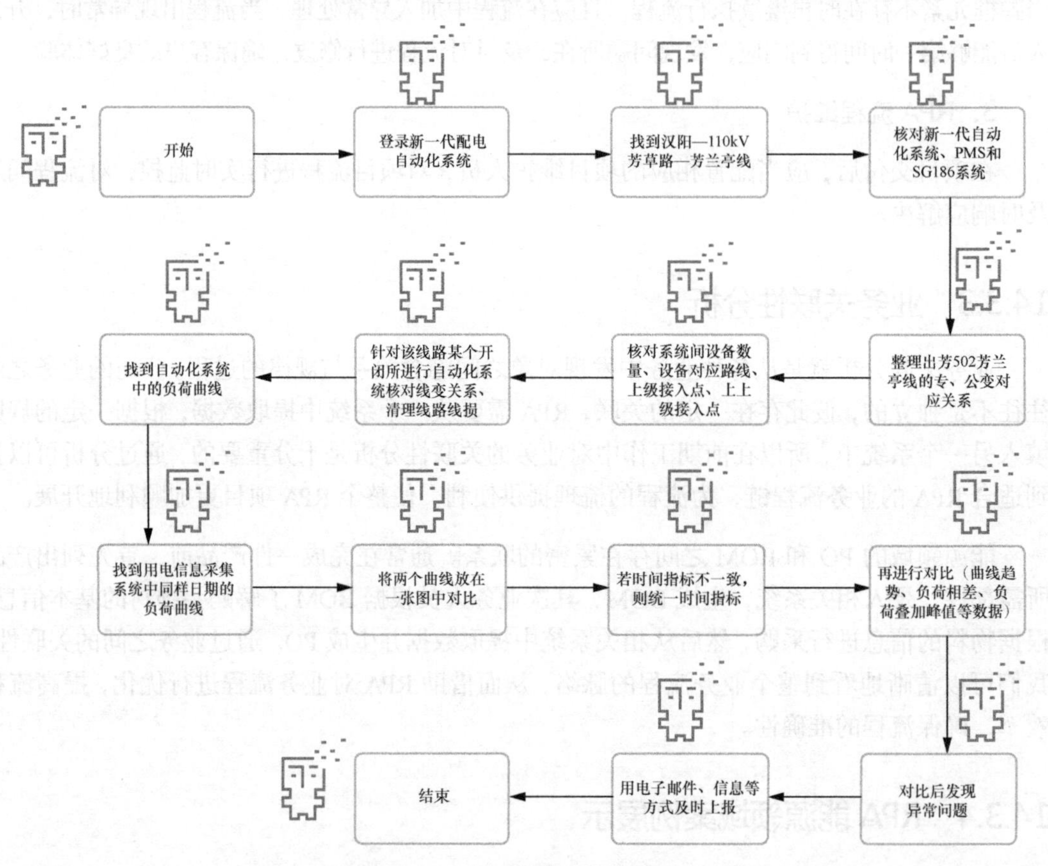

图 14-2 电力公司线路查询流程

14.4 RPA 在能源领域的三大优势

如今，RPA 技术为能源领域的一线工作人员提供了自动化工具，可以帮助他们根据既定的业务规则进行自动化处理，既能降低工作量又能保障准确率。将烦琐的工作交由软件机器人执行，在提高工作效率的同时，及时响应需求为用户提供更好的服务体验。

1. 简化人工操作步骤

RPA 可以不改动现有系统，并以高安全性、高可靠性为原则，模拟人工操作，将重复的录入操作变为自动化操作，提高工作效率和准确率。

2. 机器人全天候值守

RPA 机器人可以 24h 不间断工作，将人从烦琐重复的工作中解放出来，避免因工作疲劳而导致的准确率降低等问题。

3. 补充系统所缺少的功能

当现有系统的功能无法满足业务变更的需求，大量的明细数据因业务系统性能原因而被限制查询时，通过 RPA 可以实现基于多系统的资源整合和重建。

14.5 本章小结

随着我国经济的快速发展，能源需求量日益增加，能源领域的工作量巨大，很多能源企业在为数字化转型做功课，RPA 当属能源企业数字化转型的必备工具之一。很多能源企业在选择 RPA 的时候只知道 RPA 可以帮助企业完成重复、有规律的工作，但却不知道 RPA 可以应用在哪些业务流程、场景中。本章详细介绍了能源业务现状、RPA 在能源领域的应用场景、RPA 能源领域解决方案和 RPA 在能源领域的三大优势。RPA 的使用将会为能源企业的信息化部署带来巨大改变。

第15章 RPA在物流服务领域的应用和解决方案

本章介绍物流服务业业务现状、RPA 在物流服务领域的应用场景、RPA 物流服务领域解决方案等内容。

15.1 物流服务业业务现状分析

伴随着电子商务以及各类互联网应用蓬勃发展起来的不只是零售业，还包括物流业。物流企业面临着激烈的竞争，上游以及同业竞争者间的价格战挤压了早已经微薄的利润空间。在同质化服务的物流服务业，压缩成本、提高效率成为各企业必须考虑的问题。由于受制于成本预算压力，物流企业的 IT 建设水平并不高。尽管二维码、移动设备应用得到普及，但是业务工作依然需要依靠大量的电子表格和手工处理。这些手工的、劳动密集型任务最终导致低效率和低生产力。

目前物流企业的痛点如下。

- 人力成本飙升。在近几年物流企业发布的提价公告中，物流企业大都提到“人力成本提升”这一原因。物流企业强烈的涨价冲动来自巨大的成本压力。一段时间以来，物流服务业的人力、仓储、交通等成本不断走高。这些成本中，人力成本占比最大，而且人手奇缺。
- 服务效率低下。目前国内物流企业的效率还处于比较低的水平。而物流服务业的客户群体涵盖各行各业，客户关系错综复杂。混乱的客户管理流程、较低的服务效率、跟进难、丢单率高等问题不仅降低了物流企业的生产效率以及客户体验，而且成为阻碍其进行数字化转型的绊脚石。RPA 或将成为物流服务业数字化转型的加速器。
- 数据处理量大。随着客户数及业务量不断增多，物流企业需要投入大量人力与时间来处理物流交易过程中产生的客户信息、商品信息等数据。虽然不少物流企业不仅内部部署了 ERP 系统，而且仓库等地部署了输送分拣系统、物联网系统等，相对来说，IT 系统的覆盖度已经很高，但各系统的执行流程依然烦琐，后台需要处理的数据仍十分庞杂，员工需要手工反复处理海量数据，费时费力。

在使用 RPA 后，RPA 机器人可以自动按照一定的规则处理这些复杂的数据，有效解放劳动力，节省时间和人力成本，提高工作效率。RPA 的全面部署已经成为物流服务业信息化道路上不可绕过的一步。

15.2 RPA 在物流服务领域的应用场景

RPA 技术在物流服务领域的应用，可以帮助企业实现降本增效，同时促进企业与合作伙伴迅速搭建系统间数据传递通道并根据业务场景需要增加业务数据处理逻辑。通过高易用性的流程自动化编辑器，业务人员完全可以自行根据业务场景变化对软件机器人工作流程进行调整，迅速应对。在提高工作效率的同时，为客户提供更好的用户体验。

接下来介绍物流服务领域应用 RPA 的十大场景。

1. 订单管理

RPA 机器人可以替代员工完成订单处理过程中的手动操作，通过在公司数据库中自动查询并输入客户信息、处理付款、发送电子邮件确认和下订单，实现订单流程自动化。

2. 货物跟踪

RPA 机器人可以自动从收到的电子邮件中提取发货详情信息，在调度系统中记录货运状态，并为客户提供准确的货运时间表，以便更好地跟踪物流信息。

3. 库存监控

物流库存一般需要制造商和供应商定期监控和维护，以确保有足够的货物满足客户需求。RPA 机器人可以实时监控库存水平。当库存水平比较低时，RPA 机器人能及时通知相关人员补充、采购，并提供实时报告以优化库存需求。

4. 开票处理

RPA 机器人无需人工干预即可自动将销售发票和采购订单过账到会计系统，使开票流程更加快速、有效，缩短客户等待时间，提高支付效率。

此外，RPA 机器人还能进行账单核对，将识别到的不一致之处及时通知相关负责人，并在付款完成后通过邮件提醒会计人员及客户。

5. 运输管理

通过 RPA 可集成企业原有的运输管理系统，解决运输过程中定期跟进和多系统交互等难题。RPA 可减轻运输分析师枯燥冗余的手动工作，使他们专注于更有意义的工作。RPA 还可以跟踪、获取承运商网站信息，以进行发货安排。

6. 数据查询与分析

RPA 机器人可以自动扫描和捕获运营商网站数据，如信息和发票金额跟踪，从而简化数据的捕获与分析。

利用 RPA 机器人定期查询运营商跟踪系统/网站并检索交付信息证明。将数据链接到仓库管理系统中的原始订单记录，以便于更好地跟踪并更快地响应客户查询。

7. 系统状态更新

运营部门每天需要从承运商处获取每票货物的不同状态并更新到网络系统中（如提货、送货、回单上传）。人工录入费时费力，效率低下。RPA 机器人可自动更新系统状态，提高工作效率。

8. 提货差异反馈

员工需要将提货差异反馈、业务跟踪表记录等大量表格录入物流系统，并进行比对，不仅要经常加班，还可能出现人为失误，影响数据准确率，造成返工和资源浪费。

RPA 机器人自动将数据信息录入物流系统中，不仅可以保证数据的准确率，还可以有效避免因人为失误造成的返工浪费。

9. 电子邮件自动化

通过电子邮件的方式，客户和供应商之间能进行有效沟通。当需要处理大量发货或延迟订单时，人工操作往往显得手忙脚乱。

RPA 机器人可以通过系统自动发送电子邮件，及时通知业务人员待处理的各种事项，有效维护客户的体验。

10. 故障检测

RPA 机器人可以与货运单支付系统等多个系统集成，为大型运营商实现自动化、完整化的订单到现金流程。

15.3 RPA 物流服务领域解决方案

伴随信息化技术在各个行业的应用，相当多的物流企业已经建立完整的系统体系。但随着信息系统的增加，一些问题开始出现。

首先，企业内部每增加一个系统，都涉及信息传输的实际需要，增加业务处理的工作量。

其次，许多系统建设出来的功能和业务需求存在着差异，业务部门有需求变更时得不到 IT

部门及时响应。时间长了，业务人员抱怨需求实现慢，IT 人员抱怨工作多，导致双方的不满。

此外，对于物流和贸易行业的企业，合作伙伴（包括客户、供应商）之间的不同系统的数据打通和频繁变更的业务场景成为运营人员面临的实际问题。通过人工操作实现标准化和规范化操作的效果差，管理难度大，数据质量难以保证。

RPA 的出现可以将这些问题变得简单、高效。那么 RPA 又是如何来解决这些痛点的呢？下面将详细描述 RPA 在物流服务领域的解决方案。

15.3.1 业务筛选

首先，因为 RPA 工具大多是通过抓取前端页面的 UI 元素来模仿人类操作系统的，所以要求业务流程本身以及涉及的系统要稳定，尽可能地不更新系统。系统的频繁更新会导致运维成本提高，同时浪费企业时间。其次，在物流服务领域，并不是所有的业务都适合 RPA 布局。我们根据 15.2 节介绍的适合引入 RPA 的场景，再结合 RPA 具有灵活的扩张性和无侵入性，可轻松集成在物流企业所使用的任何系统上，解决接口集成的尴尬，打通数据流通壁垒，跨系统整合数据，让管理者实时全面掌握物流信息，提升物流企业的信息化水平等。最终可以筛选出适合应用 RPA 的业务。

15.3.2 流程挖掘及可行性分析

1. 明确目标业务，选择适合的业务流程

在 RPA 实施的过程中，并非所有的流程都符合 RPA 的实施标准。RPA 的应用拥有自己的规则和特性，需要满足流程的高度重复性、操作简单、并发量高等特点。我们需要根据相关业务人员梳理的业务流程，主观判断流程是否符合这些特性。如果符合，那么对这个流程进行 RPA 开发，实现流程自动化。

2. 将业务数据数字化、标准化

物流业务的处理过程会生成大量的工作数据，业务人员往往需要耗费大量的人力和时间对其进行处理，反复核对以确保数据的准确性。在实施 RPA 前，需要确保企业实现了成本的信息化管理，以便为 RPA 提供相关的业务数据。

3. RPA 管理优化

在部署 RPA 后，很多企业认为可以高枕无忧了。其实这是不正确的。部署 RPA 后，企业应该组建专业的 RPA 运维团队，定期监测 RPA 流程，一旦流程因为网络等不可抗因素出现问题，RPA 运维团队可以及时发现和响应问题。

RPA 在物流服务领域的业务关联性分析可参考 9.3 节。

15.3.3 RPA 物流服务领域案例展示

1. 发送运单

物流管理人员需要定期从 ERP 系统中抓取已经进入库存的待运的货物清单并生成运单，指明收件地址、收件人、运输方式等细节，然后将订单发到物流供应商的订单管理系统（Order Management System，OMS）或者运输管理系统（Transportation Management System，TMS）中。这个过程较为烦琐，物流操作人员需要手动到 ERP 系统中根据既定条件进行查询，然后导出并制作物流订单，发电子邮件给物流供应商或者在物流供应商提供的订单系统中录入。这个过程需要大量的人力操作，而且数据量庞大，极易出现失误。在采用 RPA 机器人后，RPA 解决方案可以将整个流程自动化，从而使得结果高度精准和快速。可以自动化地从 ERP 系统中查询待运货物并自动生成物流订单。之后在物流供应商的系统中生成运单或订单。发送运单流程如图 15-1 所示。

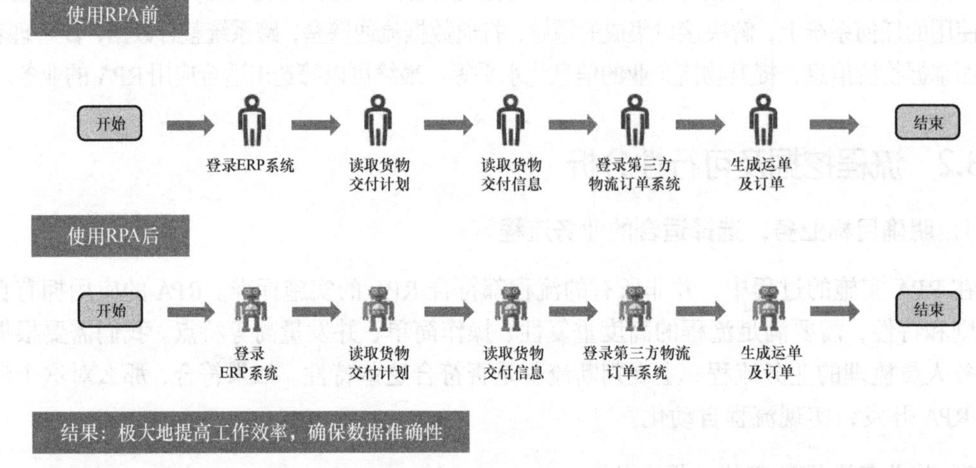

图 15-1 发送运单流程

2. 物流状态更新

物流公司没有发达的网络信息平台，一般到货才能查单，管理人员需要在货物发运后，及时抓取物流状态，更新并发布到物流信息平台中，方便客户及时了解自己货物的动态。一般操作过程为登录对外系统或网站，根据物流订单号查询物流状态信息，然后手动更新到物流平台中。工作量大且操作步骤烦琐。在实施 RPA 机器人之后，机器人可以自动根据订单号查找、更新物流信息，并将最新的信息输入系统，实现自动地发送信息给客户。物流状态更新流程如图 15-2 所示。

3. 订单自动导入

物流服务领域每天会接收大量的物流订单。业务人员将需求整理、录入系统，根据车辆情况，安排发货计划。常规业务需要进行大量的系统录入，耗费的人力、物力是巨大的。通过 RPA 实现 24h 不间断地监控客户的需求电子邮件，识别、提取信息并汇总到 Excel 文件中，根据物流发货规则生成车辆调度表，将信息转化为系统需要的格式，导入系统，批量创建物流订单，流程如图 15-3 所示。

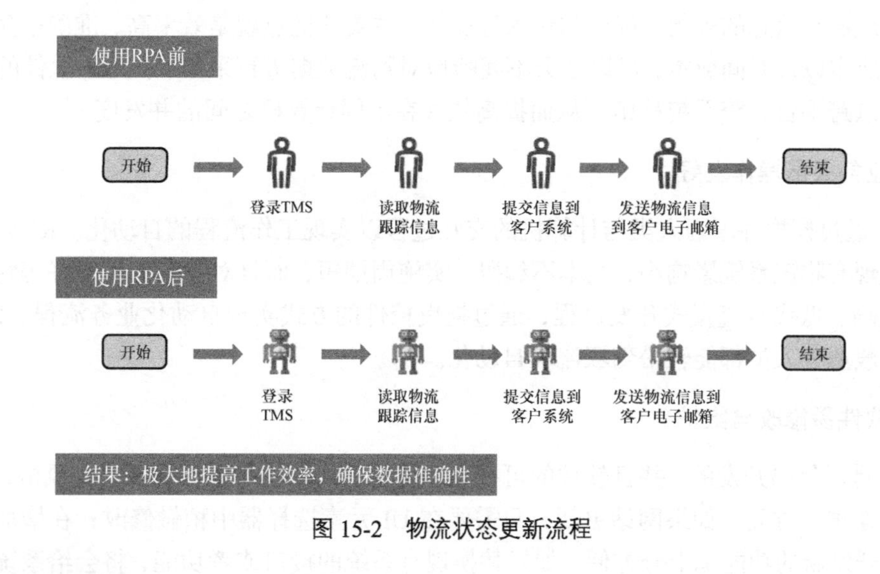

图 15-2 物流状态更新流程

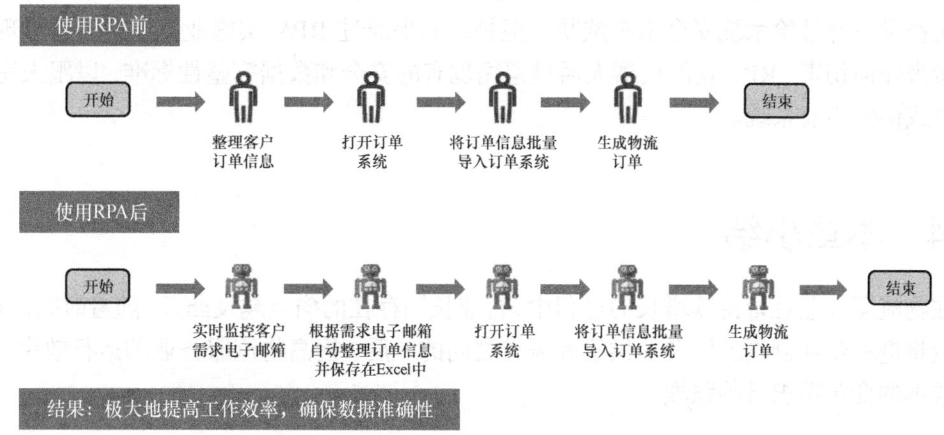

图 15-3 订单自动导入流程

15.3.4 RPA 在物流服务领域的三大优势

1. 业务流程自动化

在传统的物流服务业系统中，在使用管理系统的过程中，操作人员需要手动实现物流数据信息的采集、读取，以及商品信息的采集、读取和录入等操作，耗费巨大的人力、财力，并且错误率高。随着科技的发展和人们生活水平的提高，物流服务业正在以前所未有的速度高速发展，这就导致物流公司需要耗费更高的成本去应对大量数据的采集、读取和录入，并且很难保证数据处理的准确率，而且效率低。很多物流企业都在寻求数字化转型，特别是在简化运营和关键业务优化方面，应用 RPA 开发一款全自动的软件显得尤为重要，它可以全自动地实现商品信息的采集、读取和录入等操作，主要的优点就是效率高、准确率高，大大节省人工成本以及时间成本，可以全天不间断地对物流数据进行采集和处理。软件的可执行性强，可以跨平台、跨系统移植，从而提高软件在不同计算机之间的并发度。

2. 业务人员操作友好

RPA 通过模拟并增强人类与计算机的交互过程以实现工作流程的自动化。RPA 具有对物流企业现有物流系统影响小，基本不编码，实施周期短，而且对业务人员友好等特性，提供不写代码、低代码流程式开发过程，通过拖曳控件的方式实现自动化业务流程。IT 开发人员和一般业务人员都能轻松驾驭流程自动化。

3. 软件易修改与维护

RPA 是低代码开发的，并且软件的可视化程度高，软件往往体现为流程式风格，简洁易懂。在后期维护方面，如果网站更新，只需要在 UI 元素选择器中稍做修改；在增加新的需求方面，开发新的功能也十分方便。如果替换现有系统的接口或者功能，将会给系统带来巨大的工作量，并且给系统安全带来威胁。但是，如果通过 RPA 实施业务，并不会对现有的系统带来任何伤害。RPA 软件机器人通过遵循现有的安全和数据完整性标准，以跟人完全相同的方式访问当前系统。

15.4 本章小结

在物流服务业总量持续增长的过程中，行业长期存在的痛点越发凸显。随着时间的推移，它们或将进一步加剧物流服务业供给和需求之间的矛盾。提高物流服务业的运行效率、降低物流成本的变革需求日趋强烈。

本章主要从物流服务业业务现状、RPA 在物流服务领域的应用场景、RPA 物流服务领域解决方案进行介绍。通过对 RPA 在物流服务领域的实际应用案例进行讲解，阐释了 RPA 可以优化物流业务流程，打通物流企业、业务流程中的信息壁垒，实现跨系统整合数据以及流程自动化，最终达到降本增效的目的。在 RPA 的助力下，物流服务业将会得到质的提升。

第16章

RPA 在证券行业的应用和解决方案

随着我国经济转型以及市场经济体制不断完善，证券市场也进行了规范调整。证券公司作为证券发行以及交易的主要部分，在激烈的市场竞争中生存压力越来越大，很多证券公司都在寻求智慧化转型的机会。RPA 正是证券公司在智慧化转型道路上的有力抓手。那么证券行业目前的业务现状是什么样的？RPA 到底能够为证券公司解决哪些问题？企业又该如何实施 RPA 以实现降本增效呢？相信通过阅读本章，你可以得到满意的答案。

16.1 证券行业业务现状分析

随着行业竞争不断加剧，提升证券机构内部运营管理水平，降低人力成本，加快实现智能化运营与数字化运营，已成为目前证券行业的机遇和挑战。在日常业务中，证券行业积累了大量的基础数据，如何最大限度地发挥这些数据的价值对于证券公司的运营至关重要。证券公司在应用业务系统方面对连续性要求高，其业务系统架构复杂，而目前，大部分日常业务主要依靠人工完成，操作效率低下，误操作风险高，无法满足证券公司的业务要求。

目前证券行业的痛点如下。

- 跨系统、跨平台操作复杂。证券行业产品多，包含固定理财、公募基金、私募基金、收益凭证、海外产品、小部分海外保险等，期间的数据交互操作频繁且复杂，对接外部操作步骤及数据处理较多，清算交收流程复杂，往往需要大量的时间和人力成本。
- 细分流程步骤多。证券公司的业务流程划分步骤多，且通常不是以业务为基础考虑的，导致操作员对此理解不够深刻。难免会出现操作上的失误，导致不可挽回的后果，然而 RPA 机器人可以完美地解决这样的问题，因为 RPA 机器人严格依照程序内部的逻辑一步一步地执行，有效地保证了流程的准确度。
- 业务流程优化困难。证券市场是金融市场的重要组成部分，具有融通资本、资本定价与资源配置等功能，我国证券行业在系统应用上尚待完善。证券行业复杂的业务流程导致系统的可优化成本与风险都非常高，企业很难对系统进行优化处理，老旧系统遗留问题难以解决，而 RPA 却可以在不改变原有系统底层逻辑的基础上，通过对系统界面元素的操作来完成对系统的优化处理，完美地帮助证券公司解决老旧系统遗留问题。

- 信息孤岛。证券公司的业务流程繁多，从而导致业务系统的数量也随之增加，大量系统信息需要人工核对，且各个系统间的数据很难得到整合，通常需要耗费大量的人工进行处理，企业内外网的隔离更加剧了数据的整合难度，大范围互联互通的可能性较低。

16.2 RPA 在证券行业的应用场景

随着 RPA 在多个领域得到成功应用，RPA 在证券行业的应用也得到认可。证券业务通常流程复杂，工作人员需要在不同系统间来回切换，处理各类表单数据。证券业务不仅要求金额准确，而且报送的监管数据不能出任何差错。RPA 可以成功地解决数据采集、拆分、合并等看似简单实则烦琐且极其耗时的工作。

接下来介绍证券行业中应用 RPA 的五大场景。

1. 清算业务

清算业务是证券行业中至关重要的一环，操作流程复杂且涉及海量数据，涉及的操作系统较多，员工需要反复单击鼠标进行清算操作，涉及单击次数高达 1000 次，来回切换多个系统，再根据清算系统的提示反馈，进行人工校验，核对清算操作是否正确，人工业务操作量十分庞大。为了保障业务的连续性，业务人员必须在规定的时间内精准、熟练地完成清算业务操作，确保全程清算流程数据准确无误。

2. 估值业务

估值人员需要不定时登录估值组的公用电子邮箱提取管理产品的标的，而公用电子邮箱每日收取邮件超过 1000 封，数量多且类型不一致，估值人员需要花费大量时间从众多电子邮件中查找自身管理产品的标的，由于标的文件模板不统一，估值人员还需有针对性地进行数据分类处理，估值业务对连续性要求高，必须保障标的文件获取过程无漏失、文件分类准确，否则业务将无法持续开展，对业务操作要求极高，且存在大量重复性操作，耗费大量人力、物力，业务效率低下。

3. 会员专区收发文件

需要安排专职员工定时登录交易所会员专区进行文件收取，并对已下载的文件进行分类，分别发送到相应业务部门的电子邮箱。文件的收取和归类分发需要安排一名专职员工定期进行操作，由于证券业务量高，员工难以应付文件收发工作，而导致文件提取时间不固定，文件转发不及时的情况，严重影响业务进展和客户满意度。

4. 服务器重启

证券公司每日庞大数据的运转和系统的操控都离不开服务器。人工手动重启多台服务器耗时较长。RPA 机器人可自动重启多台服务器，减轻员工负担，提高工作效率。

5. 日志迁移

证券公司必须进行日志备份，严格管控每天的日志。每天的日志备份任务可交由 RPA 定时自动执行。员工只需花费少量时间复核最后的备份即可，不仅省心省力，而且能保证备份日志的准确度。

16.3 RPA 证券行业解决方案

证券行业不仅包含繁杂的系统操作，而且存在许多依赖人工操作的重复、简单、烦琐的事务性工作。这样一来，不仅工作效率低下，而且人力成本高昂。此外，流程系统自动化不足、业务监控不全面、数据统计及分析能力弱等运营弊端突显。这些痛点催生了证券行业对 RPA 的需求。接下来展示 RPA 在证券行业的具体解决方案。

16.3.1 业务筛选

绝大多数 RPA 工具会在一个虚拟的桌面环境里通过适当的扩展和业务持续性设置进行操作。RPA 流程可以很快实施，但是 IT 部门却无法在如此短暂的时间内搭建完善的基础设施，这成为实施 RPA 项目的主要绊脚石。所以并非所有的业务流程都适合由 RPA 自动完成，在实施 RPA 前，应该对证券公司优化业务场景的专职人员进行需求调研，通过对各个部门的日常业务流程挖掘与分析来找到那些业务量巨大，具有一定周期性、操作重复性高、规则明确、人工操作步骤复杂等具备 RPA 实施特性的业务流程。

在证券行业适合引入 RPA 的业务场景可参考 14.3.1 节。

16.3.2 流程挖掘及可行性分析

1. 流程挖掘

RPA 在证券行业的流程挖掘可参考 9.3 节。

2. 可行性分析

在选择合适的业务场景后，我们应该对业务场景做 POC 的实施和反馈，筛查出业务场景在运用 RPA 时遇到的技术难点，对业务流程自动化进行进一步的可行性分析，从而构思如何优化业务流程，为 RPA 开发工作保驾护航，帮助企业判断 RPA 与企业的适配程度。

RPA 在证券行业的可行性分析和业务关联性分析可参考 9.3 节。

16.3.3 RPA 证券行业案例展示

1. 股票清算

实施 RPA 前 财务清算人员每天需从电子邮件中获取上市公司资产信息，按国别（地区）进行数据分类，必要时还要转换语言，过程烦琐重复，耗时费力，效率低下。员工手动统计数据，把清算后的数据上传到指定系统。由于数据量大，经常产生人为纰漏。

实施 RPA 后 RPA 机器人从设定的电子邮箱中自动提取关于股票清算的邮件，通过 OCR 技术，从 PDF、JPG 等格式的文件中提取数据信息，并将多国语言进行统一转换。RPA 代替员工将清算信息根据字段、公式等进行数据统计，汇总数据并发送给相关负责人，最后由负责人进行数据确认。股票清算流程如图 16-1 所示。

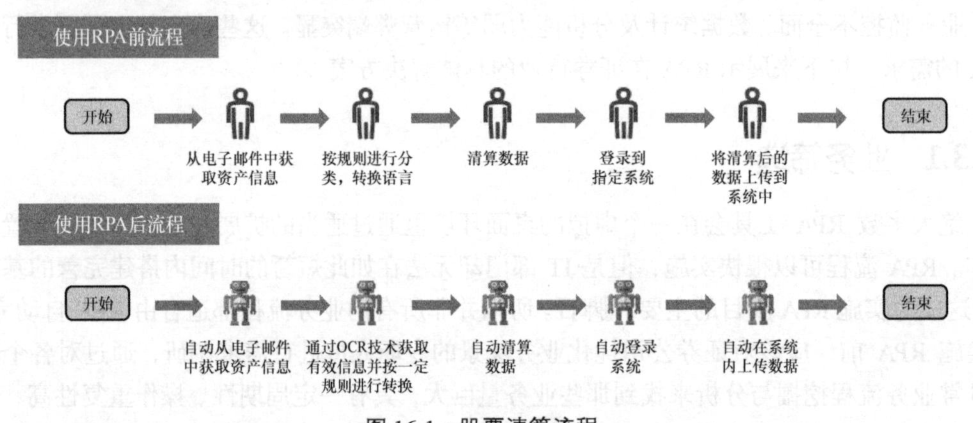

图 16-1 股票清算流程

2. 会员专区收发文件

实施 RPA 前 专职人员需要定时登录到系统中，在会员专区下载文件并进行手工分类处理，并发送电子邮件给相关的业务部门，由于工作量巨大，专职人员难免会出现漏发或分类处理错误等情况。这种方式不仅效率低下，而且难以保证业务的准确度。

实施 RPA 后 RPA 定时从系统的相关模块下载文件并自行根据一定的规则处理文件后，自动地将处理后的文件进行分类，然后发送给相关业务部门，有效地保证了工作流程的时效性，且提高了准确度。会员专区收发文件流程如图 16-2 所示。

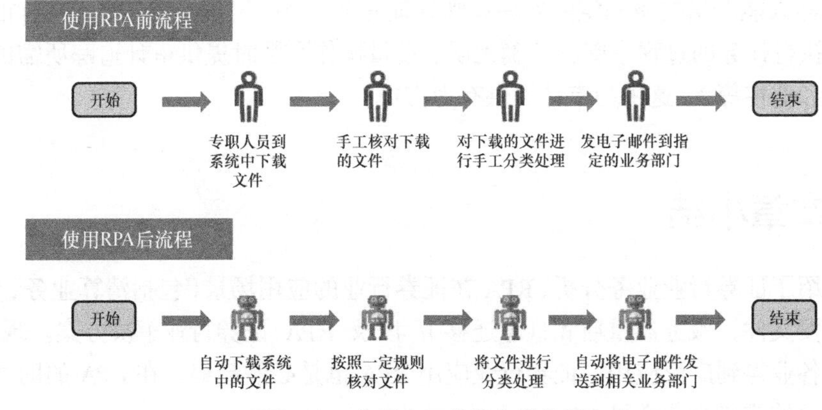

图 16-2 会员专区收发文件流程

16.3.4 RPA 在证券行业的六大优势

1. 提高效率

对同一个流程而言，RPA 机器人的平均执行时间将比人工的平均执行时间缩短 30%；对工作时间而言，RPA 机器人实现 7×24h 自动化运作。部署 RPA 机器人将显著提高业务的执行效率。

2. 提高准确率

相比于人易疲劳、注意力下降、易出错等特点，RPA 机器人可以杜绝此类失误，降低差错率和操作风险，帮助企业实现精益化管理。

3. 提高效益和节省成本

RPA 机器人把员工从大量、重复、烦琐的日常工作业务流程中解放出来，替代或辅助人工操作，降低企业人工成本，缩短工作时间，员工可以将精力与时间放到价值更高的事务上，提高生产率。

4. 提高客户满意度

更高的效率可以改善客户服务与体验，提高转化率。

5. 提高经营质量

减少数据汇总与分析的人为误差，使数据的质量更高，分析变得更为可靠。数据更安全，不会出现人为干预时可能出现的数据丢失风险。

6. 提高合规性和审核能力

RPA 机器人能严格按照制定的处理规则处理业务，极少出现异常情况，具有很强的合规性，同时在执行任务的过程中能够精确无误、批量操作、及时提供审计追踪所需的数据（包括日志记录和监控等），这将为审计提供有力支撑。

16.4 本章小结

本章介绍了证券行业业务分析、RPA 在证券行业的应用场景（包括清算业务、估值业务、会员专区收发文件、服务器重启和日志迁移），以及 RPA 证券行业解决方案。现如今 RPA 已经在各行各业得到广泛应用，证券行业应用 RPA 也是必然趋势。在 RPA 的助力下，证券行业降本增效的成果会非常显著。

RPA 拓展篇

第 17 章

RPA 机器人建设方案

开发人员可根据项目的具体情况选择适合的开发工具。在利用工具开发 RPA 机器人时，可以根据业务需求选择 RPA 机器人的种类。开发完成后需要部署及管理 RPA 机器人。本章将对这些内容进行详细介绍。

17.1 RPA 机器人简介

本节以 UiPath 为例介绍 UiPath License 中的 Studio License。Studio License 主要分为两种。一种是 Node Locked，它将 Studio 与机器绑定在一起，允许多个用户共享。使用这种许可时，如果开发团队的许可数量小于开发者人数，那么可以采取轮班方式开发自动化流程，也就是说，一个许可绑定一台机器，可以多个用户共享。另一种是 Named User，它将许可与指定用户及机器绑定在一起。只能通过绑定的用户及机器使用 Studio，不能与别人共享，也就是说，一个许可同时绑定了一个用户及一台机器。

17.1.1 Attended Robots

Attended Robots 分为两种。一种是 Named User，它将许可与某个特定用户绑定，但是用户可以在任何机器上使用，也就是说，一个许可绑定一个用户，可在多台机器上使用。另一种是 Concurrent User，它允许多个用户同时使用。假设一个部门的 100 名员工分两班工作，每班 50 名员工。Concurrent User 只允许在某个时间段内使用 50 个许可，这是机器人与 Orchestrator 连接的最大用户数。虽然可以把机器人安装在任何想要安装的机器上，但是同时使用机器人的用户数受到许可量的限制，不能超过许可量。当与机器人连接时，需要使用许可。总而言之，多个用户，多台机器，只有连接机器人时才算使用了许可。

17.1.2 Unattended Robots

Unattended Robots 只有一种——Concurrent User，也可以称为并发用户。这种类型的许可主要用于无人值守机器人，许可量等同于该机器上运行的机器人的数量，而不管 Orchestrator 中定义了多少用户和机器，不过连接的运行时数量不能超过系统设定值。在 Windows 7 操作系统中，运行时只能为默认值 1。总的来说，多个用户，多台机器，一个机器人连接使用一个许可，但是连接运行时的数量不能超过许可量。

17.2 RPA 机器人部署

RPA 机器人的部署跟 Web 网站、App 等的部署有很大的不同。Web 网站与 App 在部署时受到应用环境因素的限制，同时还涉及数据库的操作，如将数据库从开发环境部署到其他环境，开发人员需要耗费大量的时间进行维护，经常遇到由于数据库的转移导致数据丢失等问题。RPA 很好地避免了此类问题，不像传统应用一次性全部部署，RPA 可以分批次部署，这也是 RPA 的一大特色。

接下来主要介绍 RPA 机器人的部署工作。当工作流程开发完成后，在将其部署到 RPA 机器人方面，Orchestrator 扮演着重要角色。RPA 机器人将代替 UiPath 的工作运行已经开发完成的流程。首先在 Orchestrator 中建立 RPA 机器人（具体数量根据用户的需求建立）。每一种模式的 RPA 机器人都可以与 UiPath 建立关系。建立关系时只需要在 UiPath Assistant 中输入在 Orchestrator 中建立的 RPA 机器人的名字、计算机键值以及对应的 URL 即可。总的来说，UiPath 与 RPA 机器人的连接操作十分简便，可以随时随地建立关系。除此之外，UiPath 与 RPA 机器人连接的一个好处是，在流程出现问题时，只需要在 UiPath Studio 中修改流程，测试完成之后，重新与 Orchestrator 上的 RPA 机器人连接，发布到 RPA 机器人上即可。另一个好处是，可以随时随地删除之前发布的流程。需要注意的是，UiPath 必须与 Orchestrator 中的 RPA 机器人建立连接，才能执行已经开发好的流程。将流程部署到 Orchestrator 的 RPA 机器人上之后，可以根据需要设定 RPA 机器人执行该流程的频率，比如每周一执行一次或者每天 12 点执行一次等。当然，也可以人为干预，在需要执行的时候运行即可。

在 RPA 机器人部署的过程中需要注意如下两点。

- RPA 流程开发和测试环境与生产环境必须相同。换句话说，RPA 流程在开发测试时的运行环境与交付使用的环境必须相同。不同环境下的浏览器或者桌面 App 的版本不同，这些都会导致流程运行时出现问题。解决办法很简单，只需要将对应的浏览器或者 App 版本与开发 RPA 流程时所使用的版本保持一致即可。

- 开发 RPA 时使用的主要是 VB 或者 C#语言，不涉及调用某些脚本来开发流程。不过有的开发人员在开发 RPA 时使用了 Python 或者 Java 语言，这就涉及调用 Python 脚本以及 Java 脚本等问题。出现类似情况时，需要将流程和涉及的脚本全部打包，然后部署在 RPA 机器人上。对客户来说，开发人员还需要在客户的计算机上配置相应的环境变量。

RPA 机器人部署完成之后并不意味着所有的工作已经完成。RPA 机器人也有出现问题的时候。在 RPA 机器人因某种问题导致停止运行时，监测和维护人员需要及时发现并告知开发人员，以防止对企业的经济效益产生不良影响。

17.3 RPA 机器人运行管理

对于 RPA 机器人的运行管理，我们首先要了解 RPA 机器人，知道它能够做什么以及它的优势和特征。当然，这只是基本要求，如果想充分发挥 RPA 机器人的能力，还需要了解如何提高 RPA 机器人的运行效率。

对于 RPA 机器人能够做什么，我们需要进行明确划分，高度重视 RPA 机器人与人的配合工作。通常，在一个真实场景中，特别是在一个任务不能完全实现自动化的场景中，更要处理好人与 RPA 机器人的配合工作。这时需要管理者介入，从更高的层次划分企业的流程，从而让人与 RPA 机器人的合作能够完成企业流程。这就要求企业不仅要把 RPA 机器人作为人的补充因素纳入流程中，而且学会将人的因素补充到 RPA 机器人的流程中，从而实现人与 RPA 机器人的高度融合，以创造高效的企业流程。

RPA 机器人具有轻量编程、无侵入性的特征。编写 RPA 脚本不涉及大量的编码工作，即便是熟练掌握业务流程和专业知识但没有编程经验的操作人员，都可以在短时间内学会使用 RPA 软件，通过可视化的方式实现自动化业务流程。此外，通过 RPA 机器人完成业务，并不会给系统带来任何伤害。这是因为 RPA 机器人完全遵循现有的安全和数据完整性标准，它访问系统的方式与正常员工访问系统的方式完全一致。在基于 RPA 机器人的实现中，针对安全性、质量和数据完整性的要求将严格按照现有标准执行，以防止任何性质的破坏。基于上述特性，RPA 机器人具有成本低、效率高、合规性高、安全性高、可扩展、灵活性高等优点。

全面了解 RPA 机器人的特性之后，我们需要做的就是改善 RPA 机器人的运行效率，让其高效运行。改善的时机分为两个阶段。第一个阶段是在开发的过程中，要注意算法和代码库的利用，保持清晰思路，通过引用优良的底层算法来实现快速的数据处理过程。一个好的底层算法可能会使机器人的运行效率提高数百倍乃至成千上万倍。第二个阶段是机器人开发完成后，根据试运行的情况合理调配和修改机器人，从而达到更高的运行效率。机器人就像人一样，无法在同一时间点处理两个不同的事件。我们需要调整好机器人处理事件的顺序，事先拟定事件的优先级以及事件之间的依赖关系。此外，机器人还支持日程和时间规划的功能，从而能够高效地执行多个事件。

17.4 RPA 机器人开发管理

RPA 机器人开发管理对 RPA 尤为重要，因为 RPA 机器人开发效率的提高将会极大地节省 RPA 自动化流程的成本。其中自动化的总成本包括软件成本和实施成本。软件成本通常是指购买软件所需要的成本，实施成本中占比最大的就是机器人程序开发成本。本节所要叙述的就是如何提高机器人程序的开发效率，以此来达到降低开发成本的目的。为了提高 RPA 机器人的开发效率，企业应充分利用每个流程对应的机器人程序数量、开发资源利用率、单位开发周期等因素。根据所需开发的机器人数量来合理地分配资源，同时制定合理的单位开发周期，以保证开发工作有序平稳进行，尽可能地减少可调配资源的浪费。同时可以让各个实施小组之间保持同一种开发方法，这样机器人实施和上线时间就可以被预期，此外这样做可以保证最大化资源利用率和代码的复用度。代码复用度的提高可以有效降低实施风险，同时加快开发效率，让企业进入一种良性循环，最大化投资回报率。

为了尽可能地达到 RPA 机器人开发的最佳效果，企业还需要关注以下方面。

1. 重视开发的架构

一定要重视项目经理和 RPA 架构师的作用，以便在开发的过程中可以随时打磨和修改开发项目的架构。让项目的开发具有一定的规则规范，然后在开发架构的基础上进行开发，使开发项目形成一定的步骤，同时允许开发人员灵活运用开发架构。这就需要考验项目经理和 RPA 架构师的全局处理能力，以及应变和归纳能力。

2. 制定简短的开发流程

这要求在需求人员、设计人员、开发人员、测试人员之间形成敏捷的互动关系，在开发过程中快速流通、公开信息，以便将开发过程中的调整内容及时传递给设计人员和测试人员。

3. 培养团队的能力

项目的交付不是一个人努力的结果，往往依赖团队内部配合。一个配合默契、相处融洽的团队能够发挥惊人的战斗力。这需要对团队领导、利益进行合理安排，从而让团队成员各司其职，稳定安心地配合彼此的工作。

4. 制订合理的开发计划

合理制订资源配置计划、机器人实施计划（包括设计、开发、测试、部署）和上线计划，可以让机器人的开发过程更加顺利。

前面谈到的各种用于优化开发效率的技术和管理手段的主要目的是，以更高的效率利用现有的可重复组件、可利用资源实现 RPA 机器人的开发，从而降低开发成本，并且尽可能地降低 RPA 的开发难度。

17.5 本章小结

本章主要介绍了 RPA 机器人的概念、部署、运行管理以及开发管理方面的内容。RPA 机器人可以分为有人值守机器人和无人值守机器人。要根据业务场景的需要选择使用哪种机器人。在部署 RPA 时需要注意测试环境和实际生产环境保持一致。

第18章 IPA：流程自动化的未来

前面的内容从RPA本身出发，为读者详细介绍了RPA的概念、商业模式、实施交付以及在各领域的通用场景和解决方案。本章将重点放在 RPA 的未来发展趋势——智能流程自动化（Intelligent Process Automation，IPA）上。我们将从IPA的定义、诞生背景、核心技术、商业价值4个方面入手，全方位分析IPA的可行性及未来发展趋势。

18.1 IPA的定义

2017年3月，在国内大部分企业对RPA还知之甚少的时候，全球知名管理咨询公司麦肯锡已经发布了智能流程自动化的一篇分析文章，该文章将IPA这个新兴概念推到大众眼前。然而，受技术限制，当时国内更感兴趣的还是 RPA，IPA 并未引起广泛关注。到2018年，当圈内对RPA都有了一定的接触和了解后，IPA开始正式进入大众视野。IPA以RPA为基础展现出一种更高效、更便捷的运行模式，同时也让我们窥见未来RPA的发展方向。

麦肯锡在文章中将IPA定义为“把机器属性从人身上剥离下来”。简单来说，就是RPA与AI相互融合，提高流程自动化。IPA作为一种新兴技术，重新设计基础流程，并与RPA和机器学习相结合，从根本上提高工作流程效率。该文章还指出，IPA是一款提高业务流程的跨时代工具，可以帮助用户免去处理重复的、烦琐的和常规的任务。IPA还可以通过简化交互和加速过程从根本上改善客户体验。

通常来说，RPA 作为一款可以自动执行规律性工作的工具，更擅长处理固定的业务。例如，RPA 可以轻松完成早年玩游戏时采用的自动单击鼠标完成升级的操作。但日常工作中还有很多需要人工处理的、非固定的工作流程。这就是IPA比RPA更加厉害的地方——将具有识别优势的AI引入RPA，使其能够处理那些非固定的业务。更形象的比喻是，如果RPA是人的双手，那么AI是人的大脑，可以代替我们灵活使用RPA。

在时间的推移下，IPA在模仿人类所做的活动方面正在逐渐完善。随着深度学习和认知技术不断进步，传统型的、基于规则的流程自动化也会随着决策能力的增强而增强。IPA 会从根本上提高效率，增加工作人员的绩效，降低运营风险，改善流程响应时间和客户体验。

18.2 IPA 的诞生背景

IPA 的诞生并不是偶然事件，相反，它是在社会和各行业发展需求的大环境下顺势而生的，它符合当前大部分企业向自动化、智能化和数字化转型的需要。

自从 2008 年席卷全球的经济危机后，许多公司吸取教训，未雨绸缪，开始应用精益管理来提高成本效率，提高消费者满意度和员工参与度，并且许多项目已经在各个维度上产生显著影响。但是，就像历史上各种变革一样，数字化的道路并不平坦。

麦肯锡在文章中举了一个保险行业的例子。2016 年 10 月 FIS 公司研究发现，99.6%的受访保险公司承认他们在实施数字化创新方面面临困难，而 80%的受访者承认他们需要数字化能力来应对业务挑战。自 2015 年以来，飞速增长的投资使得人工完成业务变得异常艰难。这些数字化能力的需求正是 IPA 的诞生背景之一。麦肯锡认为 IPA 是企业下一代运行模式的核心引擎。

另外，近几年 AI 技术的大力发展也催生了 IPA 的出现。不可否认，AI 技术的认知性技能对 RPA 有极大的促进作用。RPA 技术能和多种 AI 技术互相结合。AI 发展迅速，场景应用非常广泛，比如语音识别、语音合成、自然语言理解和自然语言处理（Natural Language Processing，NLP）等。通过 OCR，RPA 拥有了人类的“视觉”；通过 NLP，RPA 具有了与人一样的表达和写作能力。总的来说，AI 能够模仿人类的听、说、读、写等一系列的认知行为，如果没有它的加持，RPA 始终需要外部的人工操作。就算未来技术得到完善，RPA 依然不能跨过这道天然障碍，不能从根本上实现高效的流程化。而当整条流程链打通，去掉原来需要人工操作的地方后，RPA 会极大地提高效率，甚至做到无人干预，当这一切设想落地时，企业将获得极为丰厚的回报。

早前一项调查表明，在日本有约 70%的企业对于 RPA 技术表示了怀疑。在他们看来，RPA 只能完成固定的工作任务，并不能很好地满足他们的需求。而近几年，AI 在图像识别、语音识别、认知技术等层面取得了突飞猛进的发展，可以助力 RPA 走得更远。这几年的日本企业调查反馈也展现出他们对 AI 加持下的 RPA 的兴趣。由此可见，AI 与 RPA 融合已经成为业内的趋势。

此外，不断增长的人工费用与人口红利的消失也从侧面推动了 IPA 的发展。倒推十几年，我们会发现 RPA 首先出现在人工成本高昂的欧美地区，同时我们也能看到，那些部署了 RPA 的欧美企业在人工的开支上有所下降。目前全球经济形势并不乐观，投资公司减少、贸易战和局部地区的动荡等都增加了经济的不稳定性。当不利消息波及企业时，为了维持基本运转，减少开支，企业最终的选择大都是裁员。比如 2019 年化工企业 3M 因业绩下滑而裁员 1800 人，西门子裁员 10 000 名，德意志银行裁员 18 000 名，各大企业仿佛在比拼哪家裁员更多。而在员工少了、平均工作量多了的情况下，RPA 可以代替部分员工的工作，使得企业成本随之降低。在经济全球化的浪潮之下，许多跨国企业开始尝试将 RPA 放在大规模的全球共享中心使用，以高效的自动化降低成本，提高收益。人口红利趋于消失也刺激了跨国企业不断在全球各地设立工厂寻找廉价劳动力，然而假设当人口红利不复存在时，企业就不得不面对如何降低人工成本这一问题。RPA 正是解决问题的一大利器，加上 AI 将如虎添翼。

当然，IPA 的出现还和 RPA 受到市场认可、使用率不断提高有关。相较于前十几年的冷门小众，近几年 RPA 风头渐盛，2018 年 3 家 RPA 公司拿到超过 70 亿元的风险投资，2019 年 RPA 成为投资的热门风口，微软、SAP 等 IT 行业巨头都参与其中。IPA 是 RPA 的未来雏形，只有 RPA 经过市场检验，创造了令人满意的价值，赢得了企业的青睐，IPA 才有被继续研发下去的理由和动力。

18.3 IPA 的核心技术

作为一种新技术，IPA 结合了基础流程重设计、RPA 以及机器学习等。至于 IPA 所拥有的核心技术，麦肯锡认为 IPA 包含 5 种核心技术——RPA、智能工作流、机器学习/高级分析、NLP 应用，以及认知智能体。正是这 5 种核心技术为 IPA 的运作提供了强力支撑和有力保障。下面将一一阐述这些核心技术的含义和作用。

18.3.1 RPA

RPA 在设计之初，就是基于易操控、非侵入、自动化执行等特点，帮助人类提高工作效率。作为一种自动化软件工具，RPA 能自动完成常规任务，如通过现有用户界面进行数据提取和清理等。RPA 技术适用于有重复性、规则清晰、工作量大、耗费人力、时间长的工作任务。RPA 机器人能够模仿大多数人类操作计算机的行为，可以执行基础性的、规则的任务，如收发电子邮件，登录网页或企业级应用系统，从文档中提取结构化和半结构化的数据，执行计算，填写表格，创建文档，以及报告并检查文件等。

RPA 能在快速实施的同时快速实现 ROI，这一特性受到企业的青睐。因此最近几年越来越多的企业开始部署 RPA。特别是 2019 年，成为 RPA 爆发式增长的一年。基于 RPA 的亮眼表现，相关机构调查显示，已经实施 RPA 的企业均计划未来大幅增加 RPA 方面的投资。

RPA 和 IPA 的关系更像是地基和楼房的关系：RPA 发展并为企业所用后，再在此基础上发展 IPA。2019 年关于 RPA 和 AI 融合的话题不绝于耳，这也从侧面反映了业内对 IPA 颇感兴趣。Forrester 公司发布的关于 RPA 和 AI 的报告列举了 AI 与 RPA 融合后可能带来更大的价值。作为 IPA 的前辈，RPA 正好解决了 AI 落地难的问题。RPA 擅长重复性、规则清晰的流程，AI 则在 RPA 不擅长的非结构化数据中游刃有余，二者互补将使工作流程更加智能和自主。

18.3.2 智能工作流

同很多事物一样，当“工作流”前面冠上“智能”后，事情就变得有趣起来。根据网络上的定义，普通的工作流是“工作流程的计算模型”，相比于传统办公流程使用纸质文档，一级一级向上或向下传递信息，造成诸多不便和获取消息迟缓，工作流软件能让工作人员在计算机上根据定义好的流程快速、高效地完成工作，现在已经被多家企业采用并运行。

而“智能工作流”，顾名思义，就是比普通的工作流更加高效节能。智能工作流是一个 BPM 系统，集成了由人和机器共同执行的工作，它可以以松散耦合的可配置方式对简单和复杂的业务流程进行建模。使用智能工作流，可以简化操作并适应快速变化的业务需求，麦肯锡提到，智能工作流可以处于 RPA 的顶部，以帮助员工更好地管理流程。嵌入智能工作流的 RPA 允许用户实时启动和跟踪端到端流程状态，让 RPA 运行得更加流畅且迅速。

18.3.3 机器学习/高级分析

关于机器学习的定义，在近 30 年内众说纷纭，出现了很多不同的版本。总结起来就是，机器学习是一门研究机器获取新知识和新技能，并识别现有知识的学问。机器学习是一门多领域交叉学科，涉及概率论、统计学、凸分析、算法复杂度理论等，它是帮助人工智能实现的核心，是人工智能遍及各个领域和行业的根本途径。

对人类来说，学习是一件再正常不过的事，但是对机器而言，学习似乎要画上一个问号——机器可以具有学习能力吗？关于这个问题，“塞缪尔实验”可以给出答案。1959 年，一个名叫塞缪尔的人设计了一款下棋程序。该程序与其他程序不同的地方在于，其有自我学习的能力，在每次比赛后会总结经验，不断分析。起初这款程序屡战屡败，但令人不可思议的是，4 年后，该程序居然打败了它的设计者塞缪尔。又过了 3 年，这款程序在与一个保持 8 年不败战绩的顶级棋手的较量中获得胜利。这件事在当时引发了人们关于社会和哲学的思考，抛开这些方面，人类的确见识到机器学习的巨大潜能，在千百万次的博弈中，机器可以发展到连设计者都难以估量的水平。

目前有关机器学习的热度空前，在这款下棋程序后，相继出现了深蓝、AlphaGo 等计算机棋手，并且在与人类的对弈中保持了多次胜利。人们一方面不断讨论着关于机器学习的未来，一方面又担心机器学习会朝着一发不可收拾的局面发展。但是，在可控的情况下，研究和发展机器学习，很明显会对未来各个行业产生巨大的影响。

通常来说，高级分析包含了两方面的内容——预测性分析和规范性分析。预测性分析是指基于现有的数据，分析未来会有何发展，而规范性分析则是基于现有的数据分析解决目前的问题，从而达到既定的目的。高级分析并不是新技术，但是，对RPA来说具有积极意义：高级分析能帮助RPA组织管理工作流程，根据现有的数据分析得到最优解。

对IPA来说，机器学习和高级分析的作用相当于人的大脑。一个完整安装了机器学习和高级分析的IPA可以指挥RPA去完成工作，无论是重复性的还是特定的作业，还可以自动执行本来需要人类判断和感知的高阶任务。麦肯锡根据机器学习和高级分析的特性，提出了两种算法——“监督”和“无监督”。其中监督算法是根据已有的结构化数据来分析并学习其输入和输出，而无监督算法则是观察并直接预测或识别模式。机器学习和高级分析对保险行业来说可能将改变部分游戏规则，比如在提高遵从性、降低成本结构、从新的见解中获得竞争优势的行业竞争中，机器学习和高级分析有着很大的影响力。并且高级分析已经广泛地应用在领先的人力资源部门中，以确定和评估领导者和管理者的关键属性，以便更好地预测他们的行为，发展职业道路，并制订最佳任职计划。

18.3.4 NLP应用

在智能手机普及的现代，各大手机厂商相继推出了自己的语音助手，无论是那句经典的“嗨，Siri”，还是“小爱同学”，都能瞬间拉近用户和创造者之间的距离，看似冰冷的手机也在这一刻变得更有“人情味”。而语音助手之所以能做到和人类进行交流，其中一个必不可少的工具就是NLP。

NLP是人工智能与计算语言学的一个分支，它是计算机内部的“语言编写系统”，其重点在于建成一个计算机系统，可以将结构化数据经过加工整理后转化为人类语言表示的可理解文本进行输出，从而实现人与技术之间的无缝交互。

NLP领域的学者和专家不断提出新的方法和理论，研究出新的生态模型，让NLP不断取得新的进展。例如，上海交通大学曾经发布过一个天气预报系统，该系统可以在同一语法环境下生成多种语言。另外，北京交通大学为颐和园设计的语音导航系统以及中国科学技术大学设计的足球现场解说系统都采用了NLP技术。

NLP是研究使计算机具有像人一样的表达和写作的功能，是一种先进的人工智能技术，得益于不断发展的计算语言学和日益强大的算法，NLP甚至能做到像人类专家那样撰写文章，还可以为特定人群创建报告、文案等书面内容。可以说，有了NLP的加持，RPA可以处理的环节大大增多。比如在金融环境中，有许多信贷文件没法让RPA实施，但加入诸如NLP等一系列的人工智能技术后，这些包含了非结构化数据的文件就可以交给机器人完成。NLP解锁了一系列需求，例如，运用于Gmail可以自动创建答复，也可用于创建公司数据图表的描述说明，还能够复制机构每周的管理报告。

业内也有不少企业看到了 NLP 加持下的 RPA 将能适用于更多场景，拥有更多潜能。2019 年 6 月，全球领先的 RPA 厂商 UiPath 宣布与知名 NLP 供应商 Arria NLG 合作，整合 RPA 和 NLG，Arria 将进入 UiPath Go 的生态系统，激发新的创造力和生产力。RPA 平台和 NLP 平台相结合，能有效弥补机器人和人类之间交流的巨大鸿沟，企业在这个平台上工作能简化流程，转变运营模式，提高盈利能力，获得巨大的竞争优势。

18.3.5 认知智能体

有人把人工智能的发展分为 3 个阶段——运算智能、感知智能和认知智能。其中作为最后一个阶段，认知智能无疑是最重要的任务。认知智能通常指机器具有自动思考和理解的能力，且没有人类为其事先编程，机器依然能自然地同人类进行交互。而认知智能体（intelligent agent），顾名思义，就是能主动学习思考的物体。从广义上来看，我们人类就是一个认知智能体，而要让一台计算机做到跟人类一样能够完全听说读写和思考学习，至少以目前的技术几乎很难做到，所以认知智能其实还有很长一段路要去探索。

虽然认知智能还未完全成熟，但我们依然能根据现有的资料和推测来预见认知智能的未来。认知智能可以帮助人工智能获得海量的信息，并从这些海量信息中筛选出最合适的部分，洞察其中的信息关联度，不断优化决策能力，辅助人们的生产和生活。认知智能可以让人工智能与人的交互加深，并且这种交互是针对每个人的不同偏好，比如根据穿戴式设备、浏览记录、历史记录、购物记录、地理位置等推送相关内容。认知智能还可以根据场景的不同，模仿人在各种情感下的语气，与对方进行交流。比如认知智能体能够基于“情绪检测”，用于通过电话或通过诸如员工服务中心的聊天来支持、安抚员工和客户。

认知智能在各行业中也有不少实际应用。一个使用了认知智能的英国汽车保险公司，其转换率提高了 22%，验证错误减少了 40%，总体 ROI 达到 330%。国内一家致力于智能语音及软件开发公司的负责人也曾提到，他们一直在尝试训练机器人阅读医学书籍，2017 年，该公司自行研发的机器人“智医助理”参加了中国真正的全国临床执业医师综合笔试测试，并以 456 分的高分轻松通过该考试，从而成为中国首台通过此类考试的人工智能机器人。

总结上面的 5 项核心技术后，我们很容易就能发现：使用 IPA 时，机器人可以用 RPA 取代人工手动单击；解释文本时使用 NLP 能更加轻松快捷；有时候需要做出基于规则的决策，这些决策不必预先再耗费人力、物力进行编程，因为有了机器学习和高级分析的加持；给客户提供建议或意见时，认知智能体能很好地代替我们进行交流。不难看出，一个完整版的 IPA 将会全方位超越 RPA，以更强大、更高效、更自动化的形式为用户带来全新的体验。

18.4 IPA 的商业价值

在日常工作中，实施过 RPA 的企业已经为我们展示了自动化、高效化和数字化带来的好处，比如近几年一些会计师事务所相继推出了财务机器人等应用服务，再比如沃尔玛等世界 500 强企业相继在大型共享中心中使用 RPA 以提高自动化水平。虽然现阶段关于 IPA 能否真正落地还存在疑问，但我们依然能够从 RPA 的成功中窥见 IPA 的潜在商业价值。

18.4.1 IPA 将员工从重复工作中解放

IPA 一个显著的好处是，一旦 IPA 接管日常任务，就可以把大部分工作人员从大量且重复的工作中解放出来。这是 IPA 继承自 RPA 的优点。员工不仅能够专注于提高客户满意度，打造公司口碑，而且可以根据其他的新数据，比如专业书籍、社交媒体、相关讲座或相关新闻等，思考如何实现业务目标。另外，IPA 可以促进企业人员结构调整。企业的结构庞大、组织冗余在很大程度上会降低生产效益，而且企业各部门之间容易出现相互推脱责任的情况。IPA 可以精简员工数量，减少不必要的人力成本，让企业组织架构最优化。同时 IPA 能做到 24 小时不间断运转以及错误率为零。埃森哲的一项数据调查显示，一般情况下 RPA 的工作效率为普通员工的 3 倍左右，而成本却只有普通员工的一半。相比人工，RPA 大大提高了工作效率，而 IPA 作为 RPA 的未来不仅能更高效地完成 RPA 的工作，还能实现 RPA 难以完成的流程自动化。

实施完整的 IPA 套件可带来全方位的好处。IPA 可以弥补 RPA 不能处理文本、图像、文档等数据的缺憾，而且可以根据可用的信息做出准确判断，覆盖范围更广。相关资料显示，企业实施完整 IPA 后可以自动化处理 50% ~ 70%的工作，达到每年 18% ~ 35%的运营成本效率，减少 50% ~ 60%的直通式交易处理时间，常见的年投资回报率甚至可达 3 位数。当然，IPA 承诺 2 位数甚至 3 位数的年投资回报率，听起来令人难以置信。根据麦肯锡的研究，IPA 的承诺是有可能实现的，前提是企业管理者仔细考虑和理解机会的驱动因素，并将它们与驱动下一代运营模式的其他方法和能力有效结合。除此之外，在享受 IPA 带来的全方位好处时，企业可以构建单个项目来快速获得重要回报，比如单独的 RPA 可以显著提高生产力。在此引用麦肯锡介绍的一个例子来具体说明 RPA 带来的生产力提升。在未引进 RPA 的大型工厂里，所有的作业都需要人工完成，成本高且容易出错。此外数以万计的人身保险等待处理，多个管理部门在截止日期前施加管理压力，大约 30 位员工处理日常工作，每份订单的处理时间需要 5 ~ 7 min，每个员工需要 3 ~ 4 周的培训才能进入岗位。在引进 RPA 后，该工厂只花了两周时间就搭建完成 RPA 平台。RPA 机器人自动处理工作，而且每份工作的处理时间降低了 50%左右，人为失误导致的处理成本降低了 80%，产品质量得到极大提升。

RPA 为金融业带来高收益的例子也有很多。一家大型金融机构引进 RPA 后，60% ~ 70%

的记录和报告得到自动化处理，实现了 30%甚至更高的年运行效率。另一家金融企业引进 RPA 后，每年可以降低超过 14 亿元的成本，节省约 4800 工时。一家拥有 52 000 名员工的美国金融企业为超过 19 个州大约 600 万名客户提供存贷款、投资等业务。过去该企业的封闭式贷款业务必须人工操作，在引入 RPA 后，只需要 10%的人力资源处理特殊的贷款业务，节省了 90%的人工成本，同时解决了在面对大量工作时人力短缺的问题。

18.4.2 IPA 帮助企业领导者做出决策

此外，IPA 有助于企业领导者在时间跨度长且异常复杂的工作系统中获得更大的投资收益，同时 IPA 可以协助企业领导者做出许多复杂的决策。企业可以通过插入控件来激活实时触发的附加进程。例如，企业可以在 IPA 中创建一个无需监督的机器学习平台，通过与 NLP 引擎相结合，处理结构化的日常性能数据。再加入对应的处理机制，IPA 可以帮助企业领导者在做出更好决策的同时改变内部管理过程。企业管理者再也不需要疲惫地处理办公桌上的报告。

18.4.3 IPA 帮助企业降本增效

由于只涉及信息系统的表示层，因此 IPA 并不需要大量的基础设施投资。这将为企业节省大笔的设备安装费用。另外，IPA 同 RPA 一样位于现有系统的顶层，可以实现在不改变企业 IT 后端的情况下运行。根据经验，有的 RPA 项目部署时间很短，两周后就能投入使用。对企业来说，IPA 可以短时间见效且节省大笔费用，为自身带来巨大的商业价值。当然，IPA 实施成功与否还取决于对企业总体战略的理解以及对下一代运营模式的认知。基于深刻理解，高层人员运用 IPA 有利于推动新的运营模式，同时更好地进行协调。IPA 在很多场景下都是推进变革的主导角色，但只有领导者真正理解其工作原理，IPA 才可能会发挥完整的作用。在自动化快要来到的时代，现在所做的每一步都有可能定义未来，因此我们需要从战略层面考虑 IPA，并发挥它的最大价值。

18.4.4 IPA 拓展 RPA 的适用范围

RPA 和 IPA 具有一定的相似性，但之所以推动企业下一波数字化浪潮的是 IPA 而不是 RPA，必然有其原因。除之前提到的 IPA 数据处理范围更广以外，IPA 还具有难得的认知和概率分析能力，它使用了基于机器学习和高级分析的算法，避免了企业花费大量人力、物力来训练模型，相当于 IPA 建立了一个巨大的知识库或“语义引擎”，用户能更加直观地训练机器学习模型。IPA 还有协作特性，可以让技术团队和业务团队之间实现近距离、跨领域合作，有助于业务人员了解流程自动化的专业知识，特别是面对复杂作业时，业务人员有必要通过 IPA 加强与技术团队的交流，而技术团队需要具体的业务场景来观察流程运行效果。另外，IPA 的行为有可追溯性，这一特性让其在一些特定的行业（比如金融服务业）更具优势。金融行业监管严格，需要做到流程清楚透明，而 IPA 的所有行为都可以追溯，正好符合要求。这一特性也让 IPA 不仅能轻松查到具体的标识符，也在算法上更加可视，让企业运营透明化，加深技术团队和业务团队之间的配合。

值得一提的是，IPA 并不是要取代 RPA 的位置，两者的关系是相辅相成的。IPA 主要是做 RPA 不能做的事，两者结合可以用于多个行业的各项业务，比如，银行领域的表单数据填写、金融理赔处理、数据验证、多系统间数据迁移、自动生成报表、贷款数据更新以及柜台数据备份等；零售领域的网站导入、电子邮件处理、提取产品数据、自动在线库存更新等；医疗卫生领域的患者数据处理、医生报告、数据自动录入、患者记录存储、医疗账单处理、理赔处理等；制造领域的数据监控、物流数据自动化、ERP 自动化以及产品定价比较等。把 IPA 与 RPA 结合可以让有价值的资源部署在体现价值的业务中。

对于 IPA，业内普遍持乐观的态度。国内外多家企业和机构开始行动，启动 IPA 的相关研究工作。比如相关企业将深度学习、OCR、NLP、语音识别等技术融合到 RPA 中，以拓展人工智能落地场景。目前 IPA 自动化的发展向着流程挖掘以及通信挖掘等方向精进。感兴趣的读者可以重点关注控制台和云端。

18.5 本章小结

本章从定义、诞生背景、核心技术、商业价值四大方面入手，着重分析了 RPA 的未来发展方向——IPA。作为一种将基础流程重新设计并与 RPA 和机器学习相结合的新兴技术，IPA 可以完成重复且常规的任务，简化交互，改善加速流程，大大提高客户体验。IPA 并不是偶然诞生的事物，而是在数字时代快速发展的大背景下，由各行业对于高效运作、节能增效的需求催生出来的。RPA 在各行业得到广泛认可和应用，人工智能的高速发展，各大企业对于数字化、自动化需求的上升，人工费用的上涨与人口红利的消失等，在这些背景之下，IPA 被正式提出并得到大部分业内人士的认可。

IPA 所拥有的商业价值是巨大的，实施 IPA 可带来全方位的好处，在大大缩短人工处理事务的同时极大地提高工作效率，降低费用，减少大额支出，优化整合有限的企业资源。虽然有关 IPA 的案例目前还较少，但我们依然可以从其前身 RPA 的案例中获得这些总结。并且部署 IPA 并不需要大量的基础设施投资，通过国内外云计算厂商提供的云资源可以在较短时间内搭建一套完善的智能学习和运用平台，便捷地实现横向扩展。IPA 的特性也使其对某些行业拥有独特的吸引点，目前国内外多家企业开始研究发展 IPA，并尝试用于各种场景和实验中。

相信 IPA，未来可期。

第19章

RPA和区块链

通过对前面内容的学习，相信你对什么是RPA以及RPA的应用场景有了一定了解。细心的读者可能会发现RPA的设计理念及设计思路在某些领域中与区块链技术有相同之处，那么什么是区块链？它们之间存在什么联系？它们适用于什么场景？本章从这几个方面进行详细讲解。

19.1 什么是区块链

区块链技术是近些年来随着数字经济的应用而发展起来的一种新兴的理论和技术，现在已经逐步应用到金融、供应链、公共安全、医疗等多个领域，具有广阔的应用前景。区块链技术具备的最大特点是链上数据不可造假、可追溯、可审计，应用区块链技术非常有利于实现多个主体、部门之间的信任，降低彼此之间的审计成本和管理成本。2020年4月，区块链技术也被列为新型基础设施建设中的技术基础设施。

19.2 RPA和区块链的关系

RPA技术被广泛应用在财务流程自动化处理，可以降低单一、重复、烦琐的事务性工作给财务工作者带来的负担。这样的设计理念和设计思路与区块链技术是高度吻合的，区块链采用智能合约技术将交易记录、分布式存储和数据验真等可自动化处理的流程以多方认可的代码形式进行约定，依托区块链数据不可篡改的特点对流程的过程数据和结果数据进行存储和记录，从而保障自动化流程的数据可信和低成本监管。

区块链技术不但可以用在需要数据记录和流程监管的场景，帮助采用RPA的单位增强对RPA流程的监管，而且可以帮助单位提高财务数据安全保护能力，确保隐私财务数据不泄露。当进行跨部门、跨单位RPA协作时，区块链可作为数据共享交换的中间件，为跨部门协作的数据安全和多方确责提供技术支撑。

19.3 RPA 与区块链在具体场景下的应用

19.3.1 RPA 流程数据存证

在财务数据使用 RPA 进行自动化处理的过程中，不可避免地需要对 RPA 使用的数据、产生的数据进行监管，一旦发生错误事故，可快速对事故原因进行溯源。区块链技术可以以接口形式嵌入 RPA 运作的流程，自动采集 RPA 运作过程中的流程数据并在区块链中存证。

例如，杭州宇链科技积极探索通过区块链实现 RPA 全流程数据记录可信的应用方案，通过区块链存证的 RPA 运作数据将打上时间戳、生成数字指纹（哈希值），最终在链上节点进行分布式存储，杜绝了恶意篡改 RPA 运作数据的可能性，使用单位可以可信地了解 RPA 的运作过程和运作结果，降低对 RPA 进行监管的隐形成本，提高财务部门的监管效率，如图 19-1 所示。

图 19-1 RPA 数据记录流程

19.3.2 财务数据隐私保护

财务数据对于企业、单位是非常隐私的数据，往往采用中心化、私有化的方式进行存储。如何在保障财务数据安全的前提下应用 RPA 技术来提高财务工作的效率是应用 RPA 的一大难题。

如图 19-2 所示，杭州宇链科技应用自主研发的区块链技术可有效对 RPA 在应用过程中的财务数据使用进行可信监督，解决财务数据无法确权、财务数据使用无法溯源、财务数据安全难以保障等问题，通过建立联盟链的方式对 RPA 的使用进行权限管理和数据确权，依托宇链区块链安全芯片对隐私数据进行加密，杜绝财务数据意外泄露的可能性，有助于 RPA 技术跨部门甚至跨机构应用，拓展 RPA 技术的使用场景。

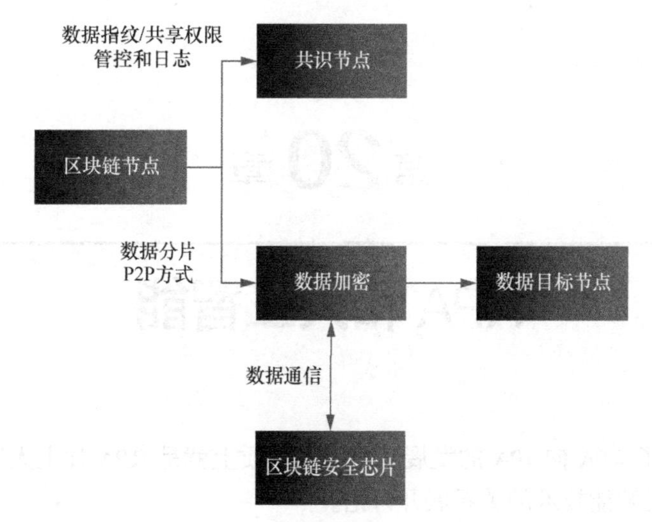

图 19-2 区块链隐私保护流程

19.4 本章小结

区块链技术可与 RPA 进行有效结合，帮助使用单位提高对 RPA 的监管效率，降低监管成本，同时帮助实现财务数据的隐私保护，有效扩展 RPA 的使用范围和使用场景。

第 20 章

RPA 和人工智能

第 18 章探讨了 RPA 向 IPA 的发展，而 IPA 本质上就是 RPA 加上人工智能技术。本章将围绕 RPA 和人工智能技术的关系展开讨论。

20.1　人工智能概述

人工智能（Artificial Intelligence，AI）是研究开发能够模拟、延伸和扩展人类智能的理论、方法、技术及应用系统的一门新兴技术科学。人工智能是计算机科学的一个分支，是由计算机科学、信息学、语言学、心理学、控制论等多学科相互融合发展的一门广泛交叉的前沿综合科学。人工智能是企图了解智能的实质，并生产出一种新的以人类智能相似的方式做出反应的智能机器，使得计算机像人一样拥有智能，可以代替人类实现识别、认知、分析和决策等多种功能，本质上是对人类思维过程的模拟，最终目的是提高人类福祉。总的来说，人工智能是对人类的意识、思维的信息过程进行模拟，因此人工智能不是拥有人的智能，而是拥有和人类非常相似的能力。

20.2　人工智能产业链

在人工智能领域，国内涌现出许多具有优势的企业。国内以图像识别、视频识别、生物识别等技术为核心的计算机视觉市场规模很大，近年来机器学习和深度学习算法能力的加强促进了语音技术的突破。

从产业链来看，人工智能产业链包括 3 个方面——基础支持层、中间技术层和下游应用层。基础支持层主要提供硬件及软件等基础能力，包括人工智能芯片、智能传感器、大数据和云计算等。基础支持层为人工智能技术的实现和人工智能应用的落地提供基础的后台保障，是人工智能应用得以实现的大前提。此外在目前的人工智能领域，传统的芯片计算架构已无法支撑深度学习等大规模并行计算的需求，这就需要新的底层硬件来更好地存取数据、加速计算过程，其中包括 GPU/FPGA 等用于性能加速的硬件、神经网络芯片、传感器与中间件等。这些硬件为整个人工智能的运算提供算力，目前多以国际 IT 巨头为主。

中间技术层解决具体类别问题，是人工智能产业的核心。中间技术层依托基础支持层的运算平台和数据资源进行海量识别训练和机器学习建模，以及开发面向不同领域的应用技术，包含感知智能和认知智能两个阶段，并基于研究成果实现人工智能的商业化结构。感知智能阶段通过传感器、搜索引擎和人机交互等优化人与信息的连接，获得建模所需的数据，如语音识别、图像识别、自然语音处理和生物识别等；认知智能阶段对获取的数据进行建模运算，利用深度学习等类人脑的思考功能得出结果，如机器学习、预测类 API 和人工智能平台等。在此基础上，人工智能才能够掌握“看”与“听”的基础性信息输入与处理能力，才能向用户层面演变出更多的应用型产品。在商业化层面，人工智能的中间技术层已经实现了文字识别、模型分析、语音录入生成等技术的商业化。就趋势而言，算法和算力成为中间技术层的主要驱动力，并且整体上向开源化发展。

最后，下游应用层解决实践问题，是人工智能产业的延伸，可以将人工智能技术应用到实际细分领域，实现向各行业的渗透，提供产品、服务和解决方案，满足人们生产生活的具体需求。下游应用层按照对象不同，可分为消费级终端应用以及行业场景应用两部分。消费级终端包括智能机器人、智能无人机以及智能硬件 3 个方向，具有代表性的例子就是扫地机器人（物体识别与自动寻路）以及商场常见的导航机器人（NLP、HCI 与人像识别）。而从行业场景应用来看，人工智能已经在医疗健康、金融、教育、汽车、零售、安防、客服等多领域得到应用，主要负责文档相关处理，行业趋势分析。随着技术的不断发展，人工智能的应用领域也将更加宽泛。

20.3 与 RPA 相关的人工智能技术

20.3.1 OCR

OCR 是指对纸质文本资料的图像文件进行分析、识别、处理，获取文字及版面信息的过程，又或者是从图片中抓取并识别文字，最后以文本的形式返回。OCR 是实时高效定位并识别图像中文字的技术，支持不同场景、版面以及语种（中文、英文等）。

典型的 OCR 技术路线如图 20-1 所示。

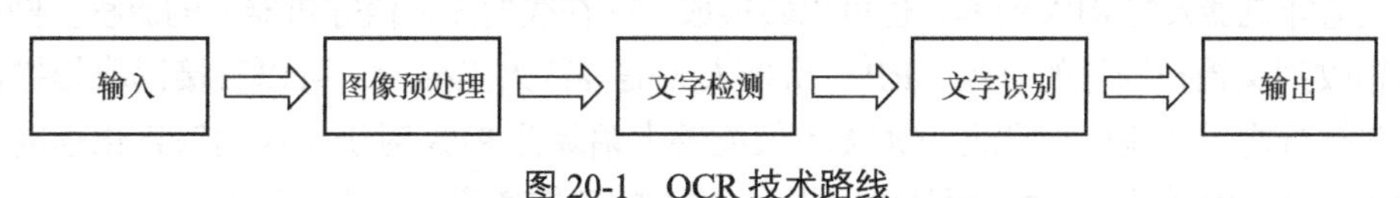

图 20-1 OCR 技术路线

图像预处理是 OCR 基于数字图像处理和机器学习等方法对图像进行处理和特征提取的过程。该过程常用到的方法包括几何变换（透视、扭曲、旋转等）、畸变校正、去除模糊、图像增强、光线校正和二值化等。

文字检测即检测文本的所在位置和范围及其布局。通常也包括版面分析和文字行检测等。文字检测主要解决的问题是哪里有文字，文字的范围有多大。常见的算法有 Fast R-CNN（以辅助生成样本的 RPN 为基础）、TextBox（基于 SSD 的改进算法）、CTPN（目前应用最广的文本检测模型之一）等。

文本识别是在文本检测的基础上，对文本内容进行识别，将图像中的文本转化为文本信息。文本识别主要解决的问题是每个文字是什么。识别出的文本通常需要再次核对以保证其正确性。文本校正也被认为属于这一环节。而其中当识别的内容是由词库中的词汇组成时，我们称作有词典（lexicon-based）识别，反之称作无词典（lexicon-free）识别。在传统技术中，OCR 采用模板匹配的方式进行分类，这种方法对于文本行只能逐字进行切割识别。这种情况下，文字的过分割现象极为常见，例如“珧”字被分割成“王兆”。现如今，随着深度学习的发展，OCR 往往选择使用卷积循环神经网络（Convolutional Recurrent Neural Network，CRNN）〔神经网络模型的一种，为卷积神经网络（Convolutional Neural Network，CNN）与循环神经网络（Recurrent Neural Network，RNN）的结合〕，通过上下文的信息，对文本行中的文字进行切割识别，有效地提高了准确性。

目前，OCR 已经逐步在政务、金融、销售等行业中得到普及，具体应用场景可分为数字原生、文档、拍照表单、自然场景四大类。数字原生类场景的特点在于图片量大且图片中的字体、背景、样式也复杂多样，最典型的例子便是网络电商的商品图。在这一场景下，OCR 可以提取图片中的文字信息，辅助建立相关的统计图表。文档类是目前对于 OCR 需求量最大的场景，往往涉及财务、办公及政务等。在这种场景下，OCR 可以达到接近 100%的准确率，远超人工水平，能有效地减少因人工录入错误而导致的损失。而在拍照表单这类应用场景下，OCR 通用性极强，可以通过单一模型加载不同的专家知识训练模式来处理上百种不同的类型。最后，在自然场景下，OCR 主要用于车牌识别、录像监控以及自动驾驶等。

OCR 不仅能为企业及用户解决日常业务中的痛点，而且可以为 RPA 机器人赋能，提升泛用性。首先，RPA 对于企业的信息化程度有一定的要求，因此在纸质文件处理方面会存在痛点。但是，OCR 可以有效地帮助 RPA 处理纸质文件信息，将其规范化，甚至表格化。在这种情况下，流程中需要人工处理的数据录入环节也可以由 RPA 机器人进行自动化处理。甚至，部分有人值守机器人的 RPA 流程，也可以转换成 24h 在线的无人值守机器人的流程。例如，在电子邮箱收到文档扫描件的时候，RPA 机器人无需等待人工提示，可以直接读取扫描件中的信息，并执行之后的流程。因此，OCR 不仅能够大幅降低 RPA 对于企业的信息化程度的依赖性，大幅提升 RPA 的泛用性，而且可以提升 RPA 的工作效率，减少人工干预。

20.3.2 NLP

NLP 作为人工智能的分支领域，是一门通过建立形式化计算模型来分析、理解和生成自然语言的学科，其下分为两大课题——自然语言理解与自然语言生成。通俗地讲，NLP 就是计算机与人类沟通的桥梁，它的主要目的在于使计算机拥有 NLP 交际能力。在 NLP 领域有基于规则与基于统计这两种基础方法。基于规则的方法主要是通过归纳总结现有的语言规律，有针对性地研制处理算法，再通过处理结果修改算法。这一方法的主要问题在于需要人工穷举所有可能的语言结构，而这是不可能做到的。而基于统计的方法则是依靠通过反应语言使用情况的语料库来训练模型，然后通过测试改进模型。这种方法虽不用穷举，但也受制于用于训练的数据，往往会因为数据稀疏，而引发长尾效应。在深度学习之前，用于解决 NLP 问题的机器学习方法一般都基于浅层模型，在非常高维和稀疏的特征上进行训练和学习，容易出现维度爆炸等问题。基于传统机器学习的 NLP 系统往往极其耗时，且并不完备。近年来，基于稠密向量表征的神经网络在多种 NLP 任务上得到不错的结果。这一趋势取决于词嵌入和深度学习方法的成功，并且深度学习使多级自动特征表征学习成为可能。

随着机器学习的不断进步，NLP 所能实现的功能也愈发多样化，其市场价值也在逐步提升。市场上现有的 NLP 解决方案包括统计 NLP、规则 NLP 和混合 NLP。在多种 NLP 解决方案中，规则 NLP 是统计 NLP 之外另一种比较受欢迎的方法。在技术方面，NLP 目前可以做到自然语言的识别、操作和分析。识别技术在不同规模的企业中都有广泛应用。这些技术应用在 OCR 语义纠错、文档智能提取分类、建立知识图谱等场景。如今，NLP 广泛应用于智能驾驶、医疗、金融、保险、IT、电信、政府、国防、航空航天、传媒、广告、学术和教育领域。其中智能驾驶、IT、电信、国防和航空航天是主要的应用领域。

对于 RPA，NLP 最大的作用在于规范化数据以及建立知识图谱。如前面所说的，NLP 可以做到智能提取，将不同格式文件中的数据规则化、序列化，并通过定制化的模板进行输出。RPA 在开发时需要根据不同的文档结构设计不同的数据提取流程，而 NLP 所提供的规范的数据能节省这一部分的时间。此外，通过规范的数据，企业可以用 NLP 建立知识图谱。知识图谱拥有自学习的内容扩充功能，可以将录入的新文档转化为新的知识存入企业知识库。这项功能可以解决当 RPA 遇到新类型或排版的文档时需要更新维护的问题。此外，知识图谱所带来的智能检索功能也能进一步提高 RPA 机器人的工作效率。总的来说，NLP 与 RPA 的结合可以优化 RPA 的工作效率，并简化 RPA 的流程开发，缩短开发周期。

20.3.3 机器学习

机器学习是一门多领域交叉学科，涉及概率论、统计学、逼近论、凸分析、算法复杂度理论等。在计算机领域中，机器学习也是一类通过分析数据，获得规律，并利用规律对未知数据进行预测的算法总称，可以分为监督学习、无监督学习、增强学习。随着技术的发展，深度学习作为基于机器学习延伸出来的一个新的领域，也慢慢进入大众的视野。通过模拟人大脑结构的神经网络算法，加上对模型结构的加深，深度学习大幅度地提高了模型的准确率，并解决了 OCR、NLP 等其他人工智能领域的痛点。但是，就整体而言，机器学习应用的开发仍是一项复杂且耗时的工程，期间需要经历多个步骤。首先，开发人员需要定义一个明确的目标，如预测某只股票的涨跌；其次，收集与之相关的数据，再进行处理，用以训练模型。训练后，开发人员则需要通过测试模型进行调参，或是对模型的结构或训练数据进行改进。

目前，机器学习的商业化达到了一个瓶颈期。机器学习的开发研究在学术界和工业界大不相同，甚至可以说是完全相反的。

如图 20-2 所示，在学术界中，对于机器学习的研究是从数据出发，选择并训练模型，再根据结果调整模型结构与参数，其目的是优化模型，提高准确率和效率，因此工作流程相对简单，但是周期较长。而从产业及商业角度出发，开发人员常常是从一个固定的性能要求开始的，比如，在医疗领域中，要求确保根据细胞切片判断患者是否患有鼻窦炎以及病情严重程度的准确率需要高于 85%，然后才会考虑使用模型，以及搜索数据。在这种情况下，模型的选择会变得十分宽松，只要它们满足用例的要求即可，并不需要保证它们都是最先进的。这种模式开发周期更短，但存在着可解释性、快速干扰以及因收集的数据不佳导致过度拟合等限制。因此，将学术界的研究成果转化为工业界的实际应用存在着一定的壁垒。尽管如此，机器学习已广泛应用于金融服务、医疗保健、政府、营销和销售、交通、油气、制造、生物信息学、计算解剖学等场景。机器学习的引入改变了许多行业，这些行业在智能自动化、预测维护、气候和能源变化，以及优化能源管理等方面都具有优势。

图 20-2 学术与工业

机器学习算法是人工智能发展的垫脚石，比如 NLP 在具体实现中经常用到的 RNN 或 CNN 便是机器学习中人造神经网络算法的分支。而随着机器学习模型的不断发展，它做出的决策也将愈发精准，与 RPA 相结合可以减少人工介入，并使 RPA 能够处理更为复杂的流程，甚至自动化地处理生产环境下的运行报错。所以，机器学习与 RPA 的结合能够助力企业实现真正的智能自动化，也是 RPA 未来发展的大趋势。

20.4 RPA 与人工智能的关系

RPA 能够协助甚至代替人类在计算机等数字化设备中完成大量的、有规律的且重复性的工作任务。RPA 着眼于代替人类完成基于用户界面的交互流程，作为软件机器人，RPA 需要按照固定的脚本执行命令，通过使用用户界面层中的技术，模拟用户通过控制鼠标和键盘对浏览器、Excel、Word、电子邮箱等应用进行相应操作及交互，进行明确规则、重复、机械性的工作任务。在一定程度上，RPA 和人工智能都能够替代人类的工作。但是，RPA 适用的流程必须满足以下两个条件：有规则非常明确且固定的流程和步骤；流程中不能涉及复杂任务。一旦业务场景中出现规则不明确或涉及线上、线下融合，RPA 就很难发挥作用。所以，RPA 需要更多的智能化属性，根据业务场景在 RPA 底层技术的基础上做个性化开发。

而人工智能旨在以类似人类反应的方式对刺激做出反应并从中学习，其理解和判断水平通常只能在人类的专业技能中找到，是对人的意识、思维的模拟，结合机器学习和深度学习，具有很强的自主学习能力，可以通过大数据不断矫正自己的行为，从而有预测、规划、调度以及流程场景重塑的能力。

借助人工智能的计算机视觉能力、NLP 等，RPA 能够实现有效的自动化。如借助人工智能的识别技术，RPA 可以轻松地识别纸质发票中的编号、日期、金额等信息，代替传统人工自动录入 Excel 文件中，以更准确、更快捷、更高效的方式实现业务自动化。

简单来说，人工智能和 RPA 就好比人的大脑和手脚的关系。人工智能与“思考”和“学习”有关，倾向于发出命令。RPA 与“做”有关，更倾向于重复地执行命令。在具体应用上，二者各司其职、密不可分，RPA 机器人能够将简单的工作自动化，并为人工智能提供大数据，人工智能能够根据 RPA 提供的数据进行模仿并改进流程。

从技术的发展路径来看，RPA 目前处于技术发展的第一阶段，人工智能则处于更高的技术发展层次。

人工智能和 RPA 结合，通过多角度探索，扩大了自动执行任务的范围，让 RPA 能够代替更多人工劳作。从现阶段国内外的实践来看，RPA 是人工智能技术领域中改善用户体验的关键组成部分，许多公司利用人工智能和 RPA 提高用户体验。企业基于人工智能识别并分析日常工作，利用 RPA 自动执行工作流程，优化企业基础流程作业，减轻员工的工作量和工作压力，改善员工工作体验，让员工能够从单一、烦琐、复杂的工作中解放出来，腾出更多的时间和精力，致力于更具有战略意义的活动。未来，人工智能技术与 RPA 结合的公司会占据发展优势和有利位置。

20.5 RPA 与人工智能在具体场景下的应用

20.5.1 OCR 应用

随着社会的发展和经济的发展，在现代商业中，各类票据、合同、保单等纸质票据的数量在不断增加，金融行业尤为明显。随着信息化的发展，现代企业越来越依赖 ERP 软件来辅助经营，但是面对海量的纸质票据资料，往往采取的还是人工录入的方式，信息化的程度低，费时费力而且极容易出错。

票据表单等纸质材料不仅容易丢失和破损，而且不易保存和使用。现如今，部分企业引入扫描仪，通过扫描的方式将纸质票据转化为电子档保存，但同样需要人工进行审核和填入企业系统，这种方式不仅工作量巨大，而且大大影响了员工的工作效率，增加了企业的经营成本。

纸质票据数字化流程如图 20-3 所示。通过 RPA 实现数字化的流程为：首先由人工将纸质的票据放入扫描仪，RPA 机器人自动启动扫描仪，然后将扫描的图片存储在指定位置，再通过 OCR 识别票据信息，对票据信息进行分类和清洗，最后将票据信息填入企业信息系统中，这样极大地减轻了工作人员的负担，同时提高了企业员工的工作效率。

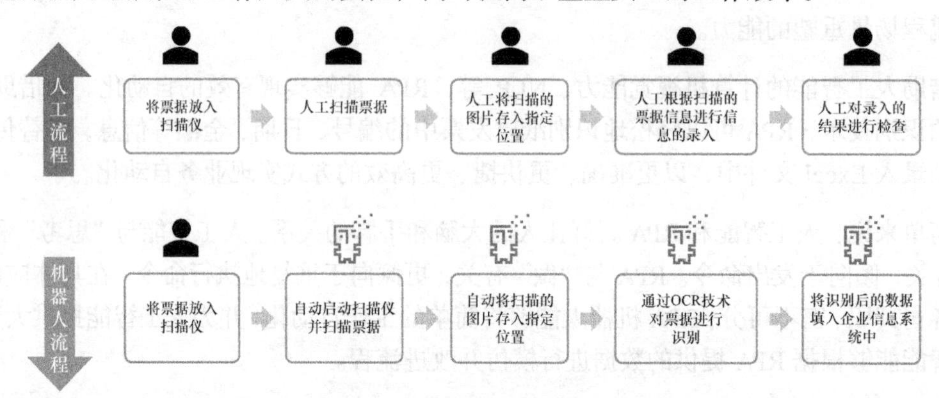

图 20-3 纸质票据数字化流程

20.5.2 机器学习与 RPA

了解消费者及影响消费者的环境是制定营销策略的基础。通过对销售数据进行分析，从影响消费者的时间、经营地点、销售商品的数据等多方面评估当前的销售状况。利用 RPA 机器人对以上数据进行可靠精准的分析，了解消费者购买行为因素，有助于改进营销渠道，扬长避短、满足客户，增加销售收入。

RPA 消费者行为分析流程如图 20-4 所示。RPA 机器人可以自动完成数据收集、分析、输出的全过程。首先，RPA 机器人自动登录系统，从系统中下载销售数据。其次，RPA 机器人根据数据属性进行分类，包括售前数据、售后数据和消费者行为数据等。然后，RPA 机器人进行销售数据分析，按照每日、每周和每月的营销情况，与上一期数据进行对比。之后通过使用 NLP 对消费者售后评价进行分析，再结合消费者其他的行为数据，RPA 机器人可以通过机器学习对消费者进行分类，并建立基础的用户画像。最后，RPA 机器人自动得出详细数据报表，以电子邮件的方式将数据表发送给员工。

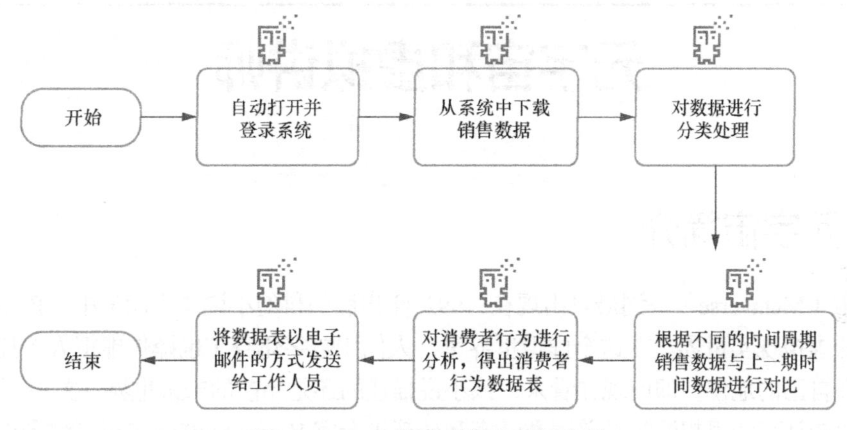

图 20-4 RPA 消费者行为分析流程

这种情况下，通过与机器学习的结合，RPA 机器人能够完全取代人工，完成用户行为分析流程的全部步骤。

20.6 本章小结

本章主要从人工智能概述、人工智能产业链、与 RPA 相关的人工智能技术介绍、RPA 与人工智能的关系、RPA 与人工智能在具体场景下的应用 5 个方面对 RPA 和人工智能进行讲解。从学术研究到实际开发，人工智能领域的研究受到社会各界广泛关注，越来越多的资金和精力投入这个领域，促进了该学科的发展。随着机器学习算法不断进步，NLP、OCR 等其他相关的研究也得到快速发展。人工智能应用陆续运用到医疗健康、金融、教育、汽车、零售、安防、客服等众多领域。人工智能相当于人类的"大脑"，从生产和生活的多个方面学习并模拟人的思维，RPA 相当于人类的"手脚"，根据固定的脚本执行流程以代替人工。人工智能和 RPA 的结合扩大了业务场景的范围，代替了更多的人工劳作，为企业减少了重复性工作的时间，让员工有更多精力和时间专注于提高团队业务能力和客户服务满意度，为企业品牌声誉和总体运营做出贡献。

从短期来看，企业倾向于以标准化、逻辑清晰的 RPA 为基础，利用 RPA 机器人实现速赢；从长期来看，企业逐步向智能程度更高的人工智能方向发展，引进人工智能战略以实现长期效益和持续优化。随着 RPA 技术与人工智能技术的不断发展，二者的融合将会更加快速与深入，进而演变成行业的一大趋势，RPA 很有可能成为引领企业智能科技的排头兵。

第21章

元宇宙和虚拟讲师

21.1 元宇宙简介

元宇宙（Metaverse）一词最早出现在 1992 年出版的科幻小说《雪崩》中。该小说描绘了一个庞大的虚拟现实世界。在这个虚拟世界里，人们用数字化身（也译作虚拟人）控制并相互竞争以提高自己的地位。即使现在看来，该小说描述的还是超前的未来世界。关于“元宇宙”，目前大家比较认可的思想源头是美国数学家和计算机专家 Vernor Steffen Vinge 教授在 1981 年出版的小说《真名实姓》中创造性地构思的一个通过脑机接口进入并获得感官体验的虚拟世界。

在充分了解元宇宙之前，我们先回顾一下 2021 年元宇宙十大关键词——Metaverse、Roblox、堡垒之夜、NFT、英伟达、失控玩家、AR 眼镜、Meta、虚拟人，以及虚拟土地。

根据复旦智慧城市研究中心观点，虚拟人广泛应用于泛娱乐模块，主要涉及虚拟偶像、虚拟代言人以及虚拟主播等社会服务领域。目前在制作技术上已相对成熟，下一阶段如何在众多虚拟人中脱颖而出，并实现商业价值变现，考验的是制作方“技术+内容+运营”的综合实力。只有从根本上满足消费者的核心诉求，并持续不断地推出新的内容，保持和用户的连接，虚拟数字人的生命力才能长久。

随着 5G、AI、XR、云计算、区块链与数字孪生等技术不断成熟，2021 年，“元宇宙”概念经过多年沉寂后突然火爆，成为人们关注的热点。对于什么是元宇宙，不同学者有着不同的解读。比如，元宇宙将成为下一代互联网的新形态，将人们带入一个崭新的网络时代；元宇宙是与现实世界相联系但又超越虚拟世界的交叉空间，它区别于一般虚拟空间的特点是，人们在元宇宙中拥有自己的数字身份，可以在两个世界中进行虚实互动，并创造任何想要的东西；元宇宙将现实世界和虚拟世界融合在一起，具有较高的开放性；元宇宙是由线上、线下平台打通所组成的一种新的经济、社会和文明系统；元宇宙是利用科技手段进行连接和创造的与现实世界映射和交互的虚拟世界，它是具备新型社会体系的数字生活空间。

当前人们比较认可的元宇宙本质是对现实世界的虚拟化、数字化过程，需要对内容生产、经济系统、用户体验以及实体世界内容等进行改造。但元宇宙的发展是循序渐进的，是在共享的基础设施、标准及协议的支撑下，由众多工具和平台不断融合、进化而最终形成。它基于扩展现实技术提供沉浸式体验，基于数字孪生技术生成现实世界的镜像，基于区块链技术搭建经济体系，将虚拟世界与现实世界在经济系统、社交系统、身份系统上密切融合，并且允许每个用户进行内容生产和编辑。

无论上述这些观点是否真正揭示了元宇宙的本质，在数智融合的驱动下，在“一切皆数据，一切可计算”的今天，元宇宙具有的内涵与价值已突破以往以《第二人生》（*Second Life*）为代表的虚拟世界具有的特征：它不仅是基于体素建模技术、NFT 与数字孪生等构建与支撑的虚拟宇宙，而且具有丰富的活动场景、内容形式、商业化交易，如模拟社会、经济、法律、军事、游戏、旅游、休闲、社交等。更重要的是，它蕴含着丰富的教与学活动。元宇宙是一个全新的、充满学习元素的“超级数字化、网络化”场域。

不过，到目前为止，元宇宙仍是一个不断发展、演变的概念，不同参与者以自己的方式不断丰富着它的含义。

21.2 虚拟讲师

元宇宙带来的热点吸引了全世界各行各业的广泛关注。在元宇宙不断发展和演变的当下，我们的观点是“虚拟人业务将大有可为”。当前明星作为公众人物，在日常生活中会被广大群众格外关注，他们会因为其知名度和粉丝基础代言很多品牌，但是越来越多的企业在明星代言过程中遭遇滑铁卢。与此相比，虚拟人的形象由塑造者决定，受大众影响。虚拟人是 IP 世界里稳定、优良的资产。因此，企业可以赋予品牌故事并通过骨骼绑定等元宇宙技术，打造虚拟讲师、品牌代言人。这将会带来一个稳定、可持续的企业品牌宣传大使。

元宇宙的概念映射了年轻一代摆脱现实压力、以新身份在虚拟世界自由行进的期望。基于这些概念，笔者打造了数字力量的宣传大使——力力。

伴随从虚拟现实向增强现实、混合现实乃至扩展现实的发展，在新技术支持下的学习元宇宙中，日益丰富的内容与交互的高度拟真化，使得这种虚拟体验带来的具身认知与具身学习有力地促进了虚拟世界与现实世界的弥合，缩小了学习信息与学习体验之间的距离。换言之，学习元宇宙的体验也能够像扩展现实学习一般，实现数字化场域中的高感官体验与“境身合一”般的沉浸式体验，为学习者主动投入学习、提升认知、培养移情与关联能力等提供可能。因此，学习元宇宙营造、呈现的沉浸式探究环境极大地刺激着学习者的各种感官，如同角色扮演游戏中的角色沉浸一样，为学习者投入学习提供较强的代入感，这是以往学习环境或空间无法比拟的。

元宇宙和虚拟科技的逐渐深入开发，造就了虚拟世界的新势力，也带动了新学习方式的出现，虚拟化不只在教育、医学或游戏产业中发展，其他产业都会接触这股新世界的潮流趋势。

力力不单是数字力量的宣传大使，还在工业和信息化技术技能人才网上学习平台的"RPA 应用工程师"中扮演着重要的角色——该系列课程的虚拟讲师。

该系列课程分成3个等级——初级、中级和高级，每个等级都对应一套完整的学习技能路线。

- 初级要求掌握 RPA 简介与流程挖掘、RPA 基础知识、RPA 的基础操作（基础录制与屏幕录制、数据处理、数据抓取和网页录制）以及进行 RPA 实操。
- 中级在初级要求的基础上，还要求掌握 RPA 的基础操作（Excel 的读写和图形文本自动化）以及进行 RPA 实操。
- 高级在中级要求的基础上，还要求掌握 RPA 的基础操作（PDF 自动化、Python 在 RPA 工具中的应用、RPA 工具在邮件中的应用和异常处理）以及进行 RPA 实操。

该系列课程的目标人群包括：希望通过培训成为 RPA 的使用者、开发者的院校师生；已经有 OA、ERP 等计算机端应用软件使用经验的白领；具备一定开发经验想要获得 RPA 开发能力以进一步提升职业能力的专业开发人员；希望通过培训项目进行职场赋能，提高职业竞争力的业务人员（如企业财务人员、HR、供应链相关人员、采购人员、物流相关人员、运营相关人员、客服和售后人员等）。

笔者充分发挥自身专业的数字素养，为参与培训的学员提供详细、清晰、易懂的教学，并以"理论+实操"的形式帮助学员掌握知识。这将进一步提升学员的数字思维和技术手段。相信在未来的工作、学习中，虚拟人将会成为他们的强大助力。此项培训通过数据中心智能运维、人工智能赋能产业应用等主题分享，从技术与应用两个角度解析从业务需求到技术实现的全流程，帮助学员掌握数据思维。